高职高专项目导向系列教材

炼油技术专业（群）专业标准与课程标准

于月明　主编

高金文　刘淑娟　主审

化学工业出版社

·北京·

本书为辽宁石化职业技术学院炼油技术专业在"国家骨干高职院校建设"中的建设成果。内容包括炼油技术专业人才培养调研分析报告和炼油技术专业教学标准，以及物料输送与传热、物料分离过程与操作、原油一次加工过程与操作、石油产品分析与检测、炼化生产过程的检测与控制、计算机基础应用与操作、典型化工装置生产过程与操作、油品计量、炼化设备使用与维护，共九门课程的课程标准。

本书可作为高等职业院校炼油技术及相关专业教学标准及课程标准开发用书，也可用作炼油技术类专业教育工作者开展职业教育研究、课程开发设计和培训学习的教学参考书。

图书在版编目（CIP）数据

炼油技术专业（群）专业标准与课程标准/于月明主编. —北京：化学工业出版社，2012.6
高职高专项目导向系列教材
ISBN 978-7-122-13899-6

Ⅰ. 炼… Ⅱ. 于… Ⅲ.①石油炼制-人才培养-高等职业教育-教学参考资料②石油炼制-课程标准-高等职业教育-教学参考资料 Ⅳ. TE62

中国版本图书馆 CIP 数据核字（2012）第 058471 号

责任编辑：张双进　窦　臻　　　　　　　　　文字编辑：王　琳
责任校对：吴　静　　　　　　　　　　　　　装帧设计：刘丽华

出版发行：化学工业出版社（北京市东城区青年湖南街 13 号　邮政编码 100011）
印　　装：三河市延风印装厂
787mm×1092mm　1/16　印张 6¼　字数 144 千字　2012 年 8 月北京第 1 版第 1 次印刷

购书咨询：010-64518888（传真：010-64519686）　　售后服务：010-64518899
网　　址：http://www.cip.com.cn
凡购买本书，如有缺损质量问题，本社销售中心负责调换。

定　　价：30.00 元

编 委 会

序

辽宁石化职业技术学院是于 2002 年经辽宁省政府审批，辽宁省教育厅与中国石油锦州石化公司联合创办的与石化产业紧密对接的独立高职院校，2010 年被确定为首批"国家骨干高职立项建设学校"。多年来，学院深入探索教育教学改革，不断创新人才培养模式。

2007 年，以于雷教授《高等职业教育工学结合人才培养模式理论与实践》报告为引领，学院正式启动工学结合教学改革，评选出 10 名工学结合教学改革能手，奠定了项目化教材建设的人才基础。

2008 年，制定 7 个专业工学结合人才培养方案，确立 21 门工学结合改革课程，建设 13 门特色校本教材，完成了项目化教材建设的初步探索。

2009 年，伴随辽宁省示范校建设，依托校企合作体制机制优势，多元化投资建成特色产学研实训基地，提供了项目化教材内容实施的环境保障。

2010 年，以戴士弘教授《高职课程的能力本位项目化改造》报告为切入点，广大教师进一步解放思想、更新观念，全面进行项目化课程改造，确立了项目化教材建设的指导理念。

2011 年，围绕国家骨干校建设，学院聘请李学锋教授对教师系统培训"基于工作过程系统化的高职课程开发理论"，校企专家共同构建工学结合课程体系，骨干校各重点建设专业分别形成了符合各自实际、突出各自特色的人才培养模式，并全面开展专业核心课程和带动课程的项目导向教材建设工作。

学院整体规划建设的"项目导向系列教材"包括骨干校 5 个重点建设专业（石油化工生产技术、炼油技术、化工设备维修技术、生产过程自动化技术、工业分析与检验）的专业标准与课程标准，以及 52 门课程的项目导向教材。该系列教材体现了当前高等职业教育先进的教育理念，具体体现在以下几点：

在整体设计上，摒弃了学科本位的学术理论中心设计，采用了社会本位的岗位工作任务流程中心设计，保证了教材的职业性；

在内容编排上，以对行业、企业、岗位的调研为基础，以对职业岗位群的责任、任务、工作流程分析为依据，以实际操作的工作任务为载体组织内容，增加了社会需要的新工艺、新技术、新规范、新理念，保证了教材的实用性；

在教学实施上，以学生的能力发展为本位，以实训条件和网络课程资源为手段，融教、学、做为一体，实现了基础理论、职业素质、操作能力同步，保证了教材的有效性；

在课堂评价上，着重过程性评价，弱化终结性评价，把评价作为提升再学习效能的反馈工具，保证了教材的科学性。

目前，该系列校本教材经过校内应用已收到了满意的教学效果，并已应用到企业员工培训工作中，受到了企业工程技术人员的高度评价，希望能够正式出版。根据他们的建议及实际使用效果，学院组织任课教师、企业专家和出版社编辑，对教材内容和形式再次进行了论证、修改和完善，予以整体立项出版，既是对我院几年来教育教学改革成果的一次总结，也希望能够对兄弟院校的教学改革和行业企业的员工培训有所助益。

感谢长期以来关心和支持我院教育教学改革的各位专家与同仁，感谢全体教职员工的辛勤工作，感谢化学工业出版社的大力支持。欢迎大家对我们的教学改革和本次出版的系列教材提出宝贵意见，以便持续改进。

辽宁石化职业技术学院　院长

2012 年春于锦州

前　言

炼油技术专业是辽宁石化职业技术学院"国家骨干高职院校建设"项目中重点建设专业，在校企合作共建专业与工学结合共育人才方面进行了卓有成效的研究与探索，取得了一系列的成果，专业教学标准和课程标准就是其中之一。

人才培养模式和课程改革是专业建设的重点和难点，如何进行课程体系开发与教学内容改革是专业建设能否成功的关键。在学习借鉴其他兄弟院校课程开发理念后，按照工作过程系统化的思想，通过校企合作方式进行炼油技术专业课程体系开发和课程内容改革。

通过石油化工行业调研和中石油、中石化所属企业调研，了解"十二五"期间石化行业发展规划和企业对高职人才的需求状况，准确进行专业定位和人才培养规格定位。根据专业定位，按照市场规则和教育规律，利用校企融合平台——炼油技术专业教师既是学院教师又是锦州石化公司培训中心员工，这种双重身份使专业建设和企业生产（根据生产需要进行员工实效培训）紧密结合在一起，这种得天独厚的条件为探索具有工学结合特色的人才培养模式提供了保障。

通过召开专业建设指导委员会会议，论证人才培养模式和课程体系，明确就业面向岗位群，分析岗位工作任务、工作要素和工作中对知识、能力和素质的要求，校企共同确定能力本位的课程体系和行动导向的课程内容，设计教学情境，选择能实现课程目标的教学载体，将企业工作流程与规范、企业的新技术与新工艺引入课程教学中，实现教学过程与工作过程相融，实现"教、学、做"合一。

学习企业标准化和规范化管理理念，将炼油技术专业人才培养方案和课程内容制定成专业教学标准，用于指导专业建设和课程教学。

本书由于月明主编，并编写了炼油技术专业标准，刘春玲、王红、李玉环、李英、潘长满、周军、孙艳萍、杜明智、刘静云分别编写了相应的课程标准，高金文、刘淑娟多次对专业标准及课程标准进行审核。

辽宁石化职业技术学院炼油技术专业建设一直得到中石化锦州石化公司蒸馏车间、催化裂化车间、重整车间等单位的大力支持和无私帮助，在此表示衷心感谢！

编　者
2012 年 3 月

目录

第一部分

炼油技术专业人才培养调研分析报告

专业带头人：于月明　　　　　　参与人：高金文，刘淑娟

石化类高职院校肩负着为石油、化工行业企业生产、建设、管理一线培养高素质、高技能专门型人才的任务，为了适应石化行业的飞速发展，高职院校必须以就业为导向、以职业能力培养为核心，构建具有高等职业教育特色的教学体系。

为深化炼油技术专业教学改革，制定促进专业建设的人才培养模式、构建与人才培养模式相适应的课程体系，通过对宁波职业技术学院、上海信息技术学校、上海石化工业学校、成都航空职业技术学院调研，学习他们在专业建设方面的经验，明确了炼油技术专业的建设思路。

在以往多次调研基础上，于 2011 年 2 月至 4 月组织部分教师对毕业生就业单位进行走访和调研，了解企业和毕业生对炼油技术专业的知识结构、能力结构、课程体系及实践环节设置等方面的意见和建议，以此为依据进行炼油技术专业教学改革。

一、毕业生调研

（一）毕业生就业情况统计

炼油技术专业对近三年应届毕业生就业情况进行统计，见表 1-1。

表 1-1　毕业生就业情况统计

毕业年限	毕业生数	就业率	就业企业类型及比例		
			中石油、中石化企业	国有化工企业	其他
2009	48	100%	69%	14.5%	16.5%
2010	90	100%	78.9%	6.7%	14.4%
2011	101	97%	84%	10%	3%

统计数字显示，炼油技术专业毕业生就业率连续三年超过 97%，而且在中石油、中石化等企业的就业比例已经由 69% 上升到 84%，可见炼油技术专业的就业面向主要是中石油、中石化企业和国有化工企业。

（二）石油化工行业调研

石油化工行业是我国国民经济的支柱产业，目前我国已成为世界炼油大国。截至 2010 年底，拥有炼厂 150 多个，千万吨炼油厂 20 家，占总加工能力的 50%，装置自动化率 90%，原油一次加工能力达到 4.51 亿吨/年，居世界第二位。

"十二五"期间，辽宁省沿海经济带"五点一线"战略中石化产业是经济建设的主导产业，辽宁将把大连建成全国重要石化基地、抚顺建成北方重要的石化基地、辽阳建成芳烃及化纤原料基地、沈阳建成橡胶制品和精细化工生产基地，大力推进盘锦、营口、锦州石化基

地建设。

调研结果表明："十二五"期间石化行业发展迅猛，截至 2010 年底辽宁石化企业中高技能人才占职工总数的 7.6％、高职毕业生占各类招收毕业生（包括研究生、本科生、高职、中职）总数的 13.7％，仅辽宁石化产业对高职人才的需求将达到 1000 人/年以上，可见炼油技术专业根据市场需求建设专业十分必要。

（三）产业链调研

选择有毕业生就业的中小型化工企业、民营企业，通过走访、座谈等形式进行产业（链）市场调研。

调研结果表明：企业员工构成中高职毕业生所占比例相对较小，企业对学生的综合素质要求较高，炼油技术专业毕业生比较受重视，毕业 1～2 年的学生已经在 DCS 内操岗位上工作。

（四）典型就业企业调研

在学生的主要就业企业中选择连续招收本专业毕业生的四家企业（中石油选两家：中石油抚顺石化公司、中石油锦西石化公司；中石化选两家：中石化南京金陵石化分公司、中石化石家庄分公司）进行调研，通过用人单位和毕业生两个层面的座谈和问卷调查了解企业对高职毕业生在理论基础和动手能力方面的评价，对毕业生在知识、技能及综合素质等方面的要求，毕业生的工作现状，以及本专业毕业生的工作岗位及燃料油生产工职业资格证书在实际工作中的作用等。

调研结论如下。

（1）96.3％的毕业生在生产一线工作，其中 85.2％的毕业生工作在一线生产操作工岗位上，主要工作在不同炼厂、不同装置的 DCS 外操岗位；11.1％的毕业生升迁到了一线管理人员的岗位上。

（2）用人单位最希望加强高职毕业生的实际操作能力，其次是知识拓展能力，还有组织管理能力、适应能力和表达能力等。

（3）绝大多数学生认为在校期间获取职业资格证书是十分必要的。

以调研数据为依据，确定炼油技术专业毕业生的工作岗位主要是大型炼油企业不同生产装置的一线生产操作岗位及一线管理岗位。

二、毕业生岗位知识、能力、素质需求调研

在前期调研基础上，请校企合作企业——中石油锦州石化公司典型炼油装置及相关化工装置专家（车间主任）填写炼油技术岗位群工作任务分析表，明确了不同装置具体的岗位名称、工艺内容、相应的岗位职责与规范、对应的工作任务、采取的操作方式及所需的知识、能力和职业素质方面的要求等，通过归纳总结出炼油技术专业毕业生就业岗位分为三类（表1-2），每个岗位的工作内容是开车操作、正常操作、停车操作和异常事故处理。

三、确定人才培养目标及规格

根据毕业生主要就业面向——中石油、中石化企业岗位群对知识、能力、素质要求，以及高级燃料油生产工国家职业技能标准要求，结合高等教育法、职业教育法和学生可持续发展要求，拟定了炼油技术专业人才培养目标及规格。通过召开专业建设指导委员会，企业专家和专业教师一起论证了人才培养目标及业务规格与人才需求的符合程度，最后确定了炼油

表 1-2　炼油技术岗位群类别

生产装置＼岗位类别	班长	DCS 内操	DCS 外操
蒸馏	白班班长、倒班班长	常压岗、减压岗	常压塔岗、常压炉岗、减压塔岗、减压炉岗、泵岗、电精制岗、四注岗
催化裂化	白班班长、倒班班长	反再岗、分离岗、吸收稳定岗、热工岗	反再岗、分离岗、吸收稳定岗、热工岗、三机组岗
催化重整	白班班长、倒班班长	预处理岗、重整岗、再生岗、抽提岗、芳分岗	预处理岗、重整岗、压缩机岗、抽提岗、芳分岗、计量岗
延迟焦化	白班班长、倒班班长	炉岗、分馏岗、焦炭塔岗	炉岗、分馏岗、焦炭塔岗、罐区岗、泵岗
……	……	……	……

技术专业的人才培养目标：既要掌握必备的基础理论和专业知识，又要具备较强的专业技能和工作能力，具有良好的职业道德、职业素养和创新意识。从八个方面具体论述了人才培养规格（人才培养目标与人才培养规格详见第二部分炼油技术专业教学标准）。

四、确定人才培养模式

根据石油、石化企业"装置处理量大，技术含量高，自动化程度高，易燃易爆，连续生产"等特点，通过前期企业岗位调研，毕业生和用人企业一致认为，学生在校期间虽然对典型的炼化装置工艺流程、设备、控制方案、DCS 操作等有了初步了解，但缺乏对设备内部结构的足够认知，要达到 DCS 外操、内操岗位要求尚有一定距离，结合石油、石化企业每年 4～5 月份或 9～10 月份装置检修这一实际情况适时安排学生进厂实践；原教学计划中第 1、2 学年只安排一次为期 1 周的认识实习，第 3 学年才安排顶岗实习，不符合由浅入深的认知规律，致使学生工作后上手慢、岗前培训时间长，不能达到预期效果。此外，炼化企业五班三运转的劳动组织形式也为多学期的分段教学提供了灵活的时间安排，学生利用倒班的空闲可以进入开放实训室、参加技能竞赛等，而专业教师可以利用短学期与暑假相连的 10～11 周大段时间到企业顶岗实践、完成科研课题、业务进修等。为此按岗位技能递进顺序拟定"分段实施，全程对接"的人才培养模式，经过专业建设指导委员会进行论证、修改，最后确定了具体培养模式，如图 1-1 所示。

"分段实施"即是把通常每年 2 个学期变成每年 3 个学期，实施分段教学。其中第 1 学期为认知实践，第 4、7 学期为协岗实践，第 9 学期为顶岗实践，实施"双导师"培养。第 2、3、5、6、8 学期为校内学习，以校内实训基地虚拟仿真软件和生产性实训装置为载体，实施"教、学、做"一体化教学。

"全程对接"是专业与企业（岗位）对接，课程内容与职业标准对接，教学过程与生产过程对接，学历与燃料油高级工证书对接。

充分利用培训中心，将职工培训的工作流程、方法、手段、资源用于高职教学过程中，而且作为锦州石化公司员工的兼职教师更愿意接受学校的聘请，参与专业建设、课程改革，将新知识、新工艺、新技术融入教学过程。"分段实施"使技能训练时间比以前增加大约 8 周，而且时间段基本对应企业大修时间，按认知规律递进安排，缩短了学生毕业后企业培训时间，实现专业与企业（岗位）对接。

以专业人才培养目标和企业专家提供的职业岗位群工作任务分析为依据，从实际工作向

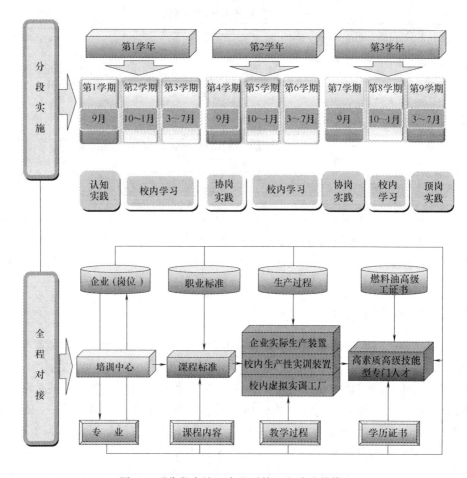

图 1-1 "分段实施，全程对接"人才培养模式

典型工作任务转换的过程中，把燃料油生产工职业标准融入课程内容中，重构知识内容，实现课程内容与职业标准对接。

根据炼化企业实际生产装置无法训练学生操作技能的实际情况，教学过程中利用职工培训的虚拟仿真软件模拟生产全过程对学生进行冷态开车、停车、正常操作、事故演练等全方位训练，利用四位一体单元装置、乙酸乙酯实训装置、常减压仿真实物工厂进行生产性实训，利用最后一学期在实际生产装置上进行顶岗实践，实现岗位技能递进式培养。顶岗实习阶段由企业人员组成考核小组，以现场挂牌、DCS 操作、岗位答辩等多种方式，按考核员工的程序和标准对学生进行顶岗实习考核，实现教学过程与生产过程的对接。

三年学业期满，学生在获得学历证书的同时必须考取燃料油生产工高级工证书，实现学历证书与职业资格证书的对接。

第二部分

炼油技术专业教学标准

制定人：于月明　　　　审核人：郝万新　　　　批准人：李晓东

一、专业名称与代码

专业名称：炼油技术。

专业代码：530207。

二、入学要求

普通高中毕业生。

三、学习年限

三年。

四、人才培养目标与人才培养规格

（一）人才培养目标

拥护党的基本路线，德、智、体全面发展，掌握炼油技术专业必备的基础理论和专业知识，具备较强的专业技能和工作能力，具有良好的职业道德、职业素养和创新意识，从事炼油及化工生产操作和组织管理工作的高素质高级技能型专门人才。

（二）人才培养规格

✧ 热爱祖国，树立正确的世界观、人生观和价值观，具有遵纪守法、诚实守信、吃苦耐劳等良好的思想道德素质。

✧ 具有敬业、科学、严谨的工作态度，安全、质量、效率、环保意识等良好的职业道德素质。

✧ 掌握必备的炼油技术基础知识、专业知识和人文知识，具有良好的文化和人文素质。

✧ 积极参加体育运动，保持积极健康的心态，达到国家规定的大学生体育锻炼标准，具备良好的身心素质。

✧ 通过英语应用能力 A 级考试，具备一定的英语交流能力。

✧ 通过计算机国家二级等级考试，具备一定的计算机应用能力。

✧ 获取燃料油生产工高级职业资格证书，具备典型炼油及化工装置生产操作和典型设备使用、维护等实践动手能力。

✧ 具有一定的燃料油生产组织管理能力和自我学习、团结协作等可持续发展能力。

五、职业岗位与职业面向

就业面向与职业规格见表 2-1。

表 2-1　炼油技术专业就业面向与职业规格

序　号	就业面向的职业岗位	技能证书/职业资格证书(等级)	备　注
1	燃料油生产各岗位	燃料油生产工/三级	必考
2	油品分析工岗位	油品分析工/三级	选考

六、职业岗位（群）工作分析

依托石油化工行业，以校企合作企业中石油锦州石化公司典型炼油装置和化工装置专家为主体，分析燃料油生产过程及典型化工生产过程，论证人才培养目标与业务规格，明确就业面向岗位（群）；分析岗位工作任务、工作中的要素和工作所需的知识、技能和态度，形成岗位（群）工作分析表，见表 2-2。

七、课程结构

按照工作过程系统化的思想，将岗位（群）实际工作按工作过程分开车准备、开车操作、正常操作、停车操作、设备使用与维护、事故判断与处理、绘图与计算七部分，在每一部分的实际工作按职业行动能力排序，再将不同工作过程中的职业行动能力进行归类，经教学加工转化成典型工作任务，典型工作任务凝练后形成典型工作，典型工作对应专业课程。炼油技术专业职业岗位（群）职业行动能力分析见表 2-3。

根据工作的相关性，围绕学生职业能力培养和职业素质养成，以典型工作任务整合相应的知识、技能和素质，组织课程内容，形成行动导向的专业课程。以虚拟（工厂）、仿真（实物）、企业装置（真实）为载体，依据燃料油生产工职业规范、参考企业工作流程设计教学内容，形成炼油技术专业课程体系。炼油技术专业课程结构见表 2-4，炼油技术专业公共基础课程见表 2-5，炼油技术专业技术课程见表 2-6，拓展课程见表 2-7。

八、实施性教学安排

实施性教学安排见表 2-8，专题讲座与选修课见表 2-9，炼油技术专业考证时间见表 2-10，炼油技术专业教学环节周数统计见表 2-11。

九、专业教学团队基本要求及建设意见

（一）条件要求

1. 团队规模

基于每届 2 个教学班的规模，专兼职教师 24 人左右，其中，专任教师 15 人、兼职教师（企业）9 人，在专任教师队伍中专业教师的"双师"素质比例应达到 90%。

2. 专业带头人

熟悉炼油技术专业建设和高职教育规律、实践经验丰富、教学效果好、在行业有一定影响、具有高级职称的"双师"素质教师。

3. "双师"素质教师

承担项目化课程教学和教、学、做一体化课程的专任教师应为"双师"素质教师。要通过校企共建方式培养教师的"双师"素质。

（二）建设意见

通过"传、帮、带"方式，校企共建一支师德高尚、业务精良、规模适度、专兼结合的"双师"素质教学团队。

表2-2　炼油技术专业职业岗位（群）工作分析

工作岗位	主要职责	具体任务	工作流程	工作对象	工作方法	使用的工具	劳动组织方式	与其他任务的关系	所需的知识、能力与态度	
									知识	能力
1.DCS外操岗、炉操岗、电精制岗、吸收稳定岗、泵机岗、三机岗、抽分岗、焦炭塔岗等炼油岗位）	全面负责本岗位的安全生产工作，在本岗位上彻底执行本单位和本公司的安全指令和技术要求，按操作规程进行正常操作，异常情况的处理和开停工过程操作，确保操作平稳，对本岗位安全和运行直接负生产责任	开车准备	学习开工方案→检查开工物资、工具→设施检查设备静设备→装置吹扫、试漏→仪表联校→单机试运合格	开工方案；指导开工操作文件资料；设备、动静设施；管线、润滑情况；仪表—现场仪表阀位与DCS动作一致性，一次表投用情况；单机、装置内电器设备，如电动机、搅拌机等	根据本岗位开工准备逐项核对确认	手、讲机、防爆式可燃气报警器、便携检修用工具	两人以上协作	是开车操作的重要组成部分	掌握岗位开工准备步骤；掌握岗位设备、设施安装知识；试漏要求、仪表联校要求	理解本装置工艺流程图，能理解本装置工艺原理；能使用开车所需工具、器具；能使用蒸汽、氮气、水等风；能完成合格油品采样；能配合DCS动作排污、脱火等操作；能试漏，能确认所属装置阀门开关状态正确；能进行仪表联校
		开车操作	氮气置换→试漏→抽盲板→按摆流程→装置收油→执行开工操作	开工方案；指导开工操作文件资料；设备、动静设施；管线、装置内仪表、一次表与现场校对，一次表与二次表校对；操作介质、装置内物料	执行开工方案岗位操作，逐项核对确认，完成开工操作	手、讲机、防爆式可燃气报警器、便携检修用工具	与DCS内操协作	是装置变动的一个主要部分，能充分反映操作员工操作技能水平	氮气转换原理；装置开工步骤、注意事项；熟悉事故预想及处理	具备与内操沟通能力，熟悉现场工艺流程，能正确使用工具进行工艺操作；能够现场抽盲板，试漏工作进行操作收油，能配合内操启动现场设备，能够正确现场加油进行开工操作；能按开工方案执行操作
		正常操作	执行DCS内操指令；完成相应操作；按时巡检并完成巡检记录；发现异常问题及时处理或上报	操作规程；指导操作的文件资料；设备、设施；动静设备，仪表现场指示各种工艺参数值；静设备、设施；操作介质、动物料	按操作规程、检修法及相关制度规定，完成各项操作	手、讲机、防爆式可燃气报警器、便携检修用工具	与DCS内操协作	是装置的运行状况反映，能体现员工责任心及质量运行效率	岗位正常操作工艺；岗位工艺卡片；岗位实际工艺参数；岗位公用工程；物料性质，异常情况判断及现场实际操作；装置现场操作维护	能够按时巡检，正确判断现场工艺参数是否正常；能认真做好工艺参数记录；能检查核对现场压力、温度、液（界）位、流量、阀位等；能完成质量排颗数据操作，能对处理本岗位的油品；能对空分装置液位空冷塔进行简单调整；能对处理本岗位泵的燃烧状况，能使用相关仪表；能判断加热炉的燃烧状况；发现异常现象能及时处理及上报

续表

工作岗位	主要职责	具体任务	工作流程	工作对象	工作方法	使用的工具	劳动组织方式	与其他任务的关系	所需的知识、能力与态度	
									知识	能力
1. DCS 外操岗（塔岗、炉岗、电精制岗、吸收稳定岗、三机组岗、热工岗、油泵岗、三提岗、分馏岗、焦炭塔等炼油岗位）	全面负责本岗位的安全生产工作，全面负责本岗位对本公司的安全生产责任，在本岗位彻底执行公司的操作规程按要求进行正常操作，异常情况的处理和开停工过程操作，确保装置平稳和运行安全，对本岗位安全生产直接接责任	停车操作	·学习停工方案→检查工具、物资，停工物资→停车进料→退油→捕盲吹蒸煮→盲板→分析合格后交施工单位	·停工方案、指导岗位停工操作的文件资料；设备、设施；管线、现场指示各种仪表参数值；静设备、动静设备；操作介质、动物料；装置内	·执行本岗位工艺方案，完成退油、蒸煮、吹扫等操作	·手、阀门、防爆对讲机、便携式可燃气报警器、检修用工具	·与DCS内操协作	·是装置操作变动的一个主要部分，反映岗位员工技能水平，为检修提供安全保障	停工操作步骤；异常情况分析及处理；本岗位设备及仪表知识	能够正确准备各类安全防护器材；能使用本岗位设备进行现场单动、吹扫；能根据停车程停火等设备进料；能停车运行盘车后停盘车；能完成机组停车空过滤器的停车操作；能完成空冷塔停车操作；能停止冷冻液循环，能停止冷凝器真空操作；能完成水冷塔的停车操作；能完成冷凝循环，能按指令吹扫冷凝器的工艺系统；能配合质检部简进行现场采样（分析）
		设备使用及维护	·正确操作离心泵、计量泵、螺杆泵等机泵 ·正确投用冷凝器、控制阀等设备 ·正确操作其他设备及掌握润滑知识	·操作规程、含有指导设备操作文件；机泵、输送介质的设备；润滑油、保护设备运转	·执行规程中关于设备、润滑内容的相关操作	·手、阀门、防爆对讲机、便携式可燃气报警器、检修用工具	单独完成	·是正常操作的一个组成部分，能体现设备知识	岗位设备内部结构知识及作用	能看置备设备铭牌；能做好机泵的备用工作；能操作屏蔽泵，再生系统电加热器，能做到低压、冷冻油泵；能启动离心泵，空冷器；能操作普通离心泵；能使用安全阀，压力表、疏水器；能判断单向阀位设备，压力表；能停用硫化氢，双动滑阀，可燃气体报警仪；能操作润化氢，引风机；能操作单向阀门；联锁设备，主要气体报警点；重要岗位采样，双动滑阀，能控制出火；能完成设备盘车检修，润滑油，能添加完成设备润滑泵，管线，能修完成的防冻，防凝工作；能完成设备的防冻，更换压力表，设备更换阀门盘根、温度计；能更换工作，温度计等；能保持设备和生产环境位和液位计的监护；岗位静态位清洁位和生产环境的清洁

续表

工作岗位	主要职责	具体任务	工作流程	工作对象	工作方法	使用的工具	劳动组织方式	与其他任务的关系	所需的知识、能力与态度 知识	所需的知识、能力与态度 能力
1.DCS外操岗（塔操岗、炉电精制岗、吸收稳定岗、泵岗、三机组岗、热工岗、抽提岗、焦炭塔分岗等炼油塔岗位）	全面负责本岗位的安全生产工作,全面贯彻执行公司在本单位对安全生产的指示和要求,按操作规程进行正常操作,异常情况的处理和开停工过程操作,确保装置的操作平稳和运行安全,对本岗位的安全生产直接负责	事故判断与处理	发现异常→查找原因→正确处理或上报	• 操作规程,岗位应急处理异常情况的文件资料 • 消防设施:灭火器、消防栓、消防蒸汽等 • 设备,设施:管线、动静设备 • 操作介质:装置内的物料	• 执行应急处理方案处理突发异常情况	• 阀门扳手,防爆对讲机,便携式可燃气报警器,检修用工具	• 单独完成	• 是装置运行中的异常情况,能反映员工处理事故的技术水平	岗位应急处理预案;岗位物料性质及安全规定;应急设施的使用应用知识	能看懂各种安全警示标志;能判断现场机泵、管线、法兰泄漏等一般事故;能处理简单离心泵泵的抽空、泵不上量、胶粒泵等简单故障;能判断普通离心泵入口塔、干燥机返料等简单故障的仪表异常;能判断现场着火,并使用消防器材扑灭初起火灾;能判断水、蒸汽、电、风、燃料等各类突发事故;能协助处理原料、能处理失灵停车事故;能协液位表指示再生热灵停车事故;能协助处理精制油质量不合格事故;能协助处理瓦斯带液事故;能紧急处理中毒事故
		绘图与计算	• 绘制岗位流程 • 掌握岗位物料衡算	• 装置实际流程及装置内相应流量指示	• 岗位流程:含详细的知识点流程 • 物料衡算:根据变化核算料量变化,算相关物料产出	• 文具	• 单独完成	• 能反映员工素质	工艺流程图的绘制;化工原理	能绘制装置工艺流程图、原则流程图;能识读设备简图;能进行常用单位的换算;能计算常用化工助剂等的加入量;能计算塔的回流比、反应段油比、催化剂及防老剂的加入量;能计算物料相关的质量流量等反应空速

续表

工作岗位	主要职责	具体任务	工作流程	工作对象	工作方法	使用的工具	劳动组织方式	与其他任务的关系		所需的知识、能力与态度
									知识	掌握岗位开工准备步骤；掌握设备、设施安装知识；掌握岗位DCS操作
2. DCS内操（常压岗、减压岗、反再岗、分离岗、吸收稳定岗、重工岗、抽提岗、焦炭塔等炼油岗位）	全面负责本岗位的安全生产工作，在本岗位贯彻执行公司和本单元的安全生产指令和要求，按操作规程进行正常操作，异常情况的处理和开、停工过程操作，确保装置平稳的操作和运行安全，对本装置安全生产负直接责任	开车准备	学习开工方案→检查设备、物资、工具→检查设施、设备安装→装置吹扫、试漏→仪表联校→单机试运合格	• 开工方案，指导开工操作文件资料 • 设备、设施，动静设备 • 管线，润滑情况 • DCS仪表，现场仪表 • 阀门与DCS动作一致性，一次仪表使用情况 • 单机，装置内电器设备，如电动机、搅拌等	• 根据本岗位开工准备逐项核对确认	• 阀门扳手，防爆对讲机，便携式可燃气报警器，检修用工具	• 两人以上协作	• 是开车操作的重要组成部分	知识	熟悉本装置工艺流程，具备掌握开工方案的能力；能协助岗位完成开车前试压、试漏、吹扫、置换等工作；能完成安全、消防设施的检查、确认工作；能确认状态、电控系统投用状态；能增、减加热炉火嘴数量，调节炉膛负压、氧气含氧量
									能力	氮气转换原理、装置开工实际流程；熟悉岗位实际流程；掌握事故预想及处理；DCS操作知识
		开车操作	氮气置换→抽引板，试漏→摆流程，装置收油→执行开工操作	• 开工方案，指导开工操作文件资料 • 设备、设施，装置的动静设备 • 仪表，DCS指示与一次仪表校对 • 操作介质，装置内物料	• 执行开工方案操作，逐项核对确认，完成开操作	• 防爆对讲机，DCS操作站	• 与DCS外操协作	• 是装置操作变动的一个主要部分，能充分反映员工操作技能水平	能力	能够掌握本装置的工作原理；能够正确启动、调节与外操配合进行装置输送设备；油操作；能够配合外操循环设备（反应设备、分离设备）与操作；能够进行本装置单体的调节；能点火开炉、预热升温，及加热炉流；辐射系统循环油的加热；抽真空系统；能完成注入操作；能正确确定各等化学药剂的注入催化剂；能配用循环水操作，预处理加温、低温泵的加压，预热塔底、成焦炭炉升压、预热、放水等操；能更换操作；能放冷系统，催化剂助剂；能按要求加入冷油类助剂、催化剂操作；能完成催化剂的采样操作

续表

工作岗位	主要职责	具体任务	工作流程	工作对象	工作方法	使用的工具	劳动组织方式	与其他任务的关系		所需的知识、能力与态度
2. DCS内操（常压岗、减压岗、反再岗、分离岗、吸收稳定岗、重整岗、热工岗、抽提岗、焦化岗，分馏炭塔等炼油岗位）	全面负责本岗位的安全生产工作，在本岗位贯彻执行公司和本单位的安全生产要求，按操作规程进行正常操作，异常情况的处理和开、停工过程操作，确保装置平稳运行，对本岗位安全生产负直接责任	正常操作	• 根据工艺参数情况，指示DCS外操完成相应操作，及时调节处理工艺参数值报警 • 发现工艺异常问题及时处理或上报 • 控制各项参数在工艺卡片范围内并按时记录 • 及时调整工艺参数，确保质量合格	• 操作规程；指导岗位正常操作的文件资料；设备，设施；应急设施，DCS操作站	• 按操作规程、生产指令、工艺卡片及相关制度规定，完成各项操作	• 防爆对讲机，DCS操作站	• 与DCS外操协作	• 是装置运行状态表现，能反映工员工心、技术素质及装置运行效率	知识	岗位正常操作法，岗位工艺卡片；岗位实际工艺参数；岗位公用工艺原理、物料性质；岗位异常情况判断及处理；DCS操作知识
									能力	能够熟练掌握工艺原理，能根据工艺参数情况，指示DCS外操，完成相应操作，能及时调整处理工艺异常，发现工艺异常问题，能及时处理或上报；能控制各项参数在工艺卡片范围内并按时记录；能及时调整工艺参数，确保质量合格
		停车操作	学习停工方案→检查工具物资，工具→停止进料，插盲板→退油→蒸煮，吹扫→分析合格后交施工单位	• 停工方案；指导岗位停工操作的文件资料；设备，设施；应急设施，DCS操作站	• 执行本岗位停工方案，完成退油，蒸煮，吹扫操作	• 防爆对讲机，DCS操作站	• 与DCS外操协作	• 是装置操作变动的一个主要部分，能为装置检修提供安全保障	知识	停工操作步骤；异常情况分析及处理；书写表达知识
									能力	能根据指令停止工流程；仪表等综合检查；设备停止进料；能根据停车程序停止设备进料；能完成停车后的工艺调整；能完成停工时的倒空，排水，置换等工作；能按指令倒空系统，能完成综合吹扫前工艺，设备检查；能按指令排放低温液体

续表

工作岗位	主要职责	具体任务	工作流程	工作对象	工作方法	使用的工具	劳动组织方式	与其他任务的关系	所需的知识、能力与态度
2. DCS内操（常压岗、减压岗、反再岗、分离岗、吸收稳定岗、重整岗、抽提岗、热工岗、焦化塔等炼油岗位）	全面负责本岗位的安全生产工作，在本岗位贯彻执行公司和本单位的安全生产规程，按操作规程进行正常操作、异常情况的处理和开、停工过程操作，确保装置的操作平稳和运行安全，对本岗位安全生产直接负责任	设备使用与维护	• 正确操作离心泵、计量泵、螺杆泵等机泵 • 正确投用冷凝器、控制阀等设备 • 正确操作其他设备及掌握润滑知识	• 操作规程；含有指导设备操作的文件 • 机泵；输送介质的设备 • 润滑油；保护设备运转	• 执行操作规程中关于设备、润滑的相关内容的操作	• 阀门扳手、防爆对讲机、便携式可燃气报警器、检修用工具	• 单独完成	• 是装置的一个组成部分，能体现员工的设备知识	**知识**：能根据工艺要求操作气动阀与电动阀等特殊阀门；能操作单动、双动式压缩机、引风机，能合理调节压缩机油门、气门和烟道挡板；能操作鼓风机、再生系统电加热炉油门，气门 **能力**：能操作注汽系统机泵并调节注汽量；能操作减压塔塔顶专用火嘴；能操作塔顶油瓦斯断专用火嘴；能投用波除尘器；能投用催化剂采样器，反吹及卸粉尘操作；能完成粉尘操作；能指出本岗位设备、安全阀、疏水器、主要阀门位置；能完成计量泵的调锁；能完成自动料种的调校；能协助完成阀位置的调节
		事故判断与处理	发现异常→查找原因→正确处理或上报	• 操作规程、岗位应急处理预案、指导异常情况处理的文件资料 • 消防设施：灭火器、消防栓、消防蒸汽等 • 设备、设施；管线、动静设备 • 操作介质：装置内的物料	• 执行应急处理方案处理异常情况	• 阀门扳手、防爆对讲机、便携式可燃气报警器、检修用工具	• 单独完成	• 是装置运行中的异常情况，能反映员工的操作水平	**知识**：岗位应急处理预案；岗位物料性质及安全规定；应急设施的使用知识 **能力**：能判断计量泵汽蚀，压力高，设备抽空，泵不上量等故障的原因及时处理；能判断简单的仪表故障及参数处理；能判断简单的压力等参数处理；能判断温度、压力异常现象；能判断本岗位简单的质量指标波动的原因；能判断简单工艺，设备事故并处理主

续表

工作岗位	主要职责	具体任务	工作流程	工作对象	工作方法	使用的工具	劳动组织方式	与其他任务的关系	所需的知识、能力与态度
2. DCS内操（常压岗、减压岗、反再岗、分离岗、重催工岗、吸收稳定岗、热工岗、芳烃抽提岗、分馏焦炭塔等炼油岗位）	全面负责本岗位的安全生产工作，在本单位贯彻执行公司和本单位的安全生产指令和要求，按操作规程进行正常操作，异常情况的处理并开、停工过程装置，确保操作平稳和运行安全，对本岗位安全生产负直接责任	事故判断与处理	发现异常→查找原因→正确处理或上报	·操作规程、岗位应急处理异常情况的文件资料；·消防设施：灭火器、消防栓、消防蒸汽等；·设备、设施：管线、动静设备；·操作介质：装置内的物料	·执行应急处理方案处理突发异常情况	·阀门扳手、防爆对讲机、便携式可燃气报警器、检修用工具	·单独完成	·是装置运行中的异常情况，能反映员工的操作水平	**能力** 要运行设备超温、超压、超电流等异常现象并及时处理；精馏塔温度异常现象并处理，能判断简单的仪表故障；能判断停联系专业人员检修；能处理原料、水、蒸汽、电、风、燃料等停装置简单事故；能处理各类突发停车事故；能处理精制油质量不合格事故
		绘图与计算	·绘制岗位流程；·掌握岗位物料衡算	·装置实际流程及装置内相应流量指示	·岗位控制流程：含详细控制点的流程；·物料衡算：根据变化核算料量，算相关物料产出	·文具	·单独完成	·能体现员工技术素质	**知识** 工艺流程图知识；化工原理　**能力** 能绘制装置工艺流程图，带控制点的工艺流程图；能识读设备，能计算化工常用单位的换算；能进行转化率、产率；能计算催化剂及防老剂的加入量、催化剂助剂；能进行物料衡算；质量流量，反应空速等计算；能计算回流比，反应氢油比；能计算化学品的注入量

续表

工作岗位	主要职责	具体任务	工作流程	工作对象	工作方法	使用的工具	劳动组织方式	与其他任务的关系	所需的知识、能力与态度	
3. 运转工程师（发展岗位）	负责班组生产工艺技术检查和操作监控；负责生产运行进行工艺技术日分析和生产技术日总结，主要包括：生产计划和主要经济技术指标完成情况分析；操作平稳率分析；负责班组重要波动和事故处理，对技术进步的推动，并提出相应对策措施；对当班生产平稳操作、操作规程及工艺卡片执行情况和临时生产特殊变动的监督，对违反操作规程、工艺卡片及现象或事及时进行纠正	开车准备	学习开工方案→检查设备、物资，工具→检查设施，工具→装置设施→装置吹扫、试漏→仪表联校→单机试运合格	开工方案；指导开工操作文件资料；设备、设施；装置安装完成性、润滑情况；仪表：现场仪表阀门与DCS动作一致性，一次表与二次表校对等	根据开工方案，逐项核对确认各岗位各情况实际情况	讲机，防爆便携式可燃气报警器	单独完成	是开车重要组成部分	知识	掌握各岗位开工准备步骤；掌握设备、设施安装知识；掌握各岗位设备试漏要求；掌握联校要求，仪表校验各要求
									能力	具备掌握开工方案的能力；能进行岗位开车前工艺、设备、电气等综合检查；能进行仪表联校；能检验单机运行情况
		开车操作	氮气置换→封板试漏→摆流程、装置收油→执行开工操作	开工方案操作文件资料；管线、动静设备；仪表：一次表与二次表校对现场；操作介质；物料	执行本岗位操作，逐项核对确认各岗位情况	讲机，防爆便携式可燃气报警器	单独完成	是装置的一个主要部分，能充分反映员工操作水平	知识	氮气转换原理；熟悉注意事项；掌握事故预想及处理
									能力	具备掌握开工方案操作的能力；能完成现场装置DCS操作中的技术指导；能完成单机运行的技术指导
		正常操作	检查各岗位指令执行情况；按时巡检并完成记录；发现异常问题及时处理或上报	操作规程；指导岗位正常操作的文件资料；设备、设施；管线、动静设备；仪表：现场指示各种工艺参数；操作介质；物料	按各岗位操作规程及相关规章制度，确认各岗位情况	讲机，防爆便携式可燃气报警器	单独完成	是装置运行相对稳定状态，能反映员工责任心，技术水平及装置运行效率	知识	各岗位工艺卡片；各岗位工艺原理；各装置公用工程；掌握装置设备使用、维护
									能力	能认真检查各岗位情况；能按时巡检并做好记录；能发现异常情况及时处理和上报
		停车操作	学习停工方案→检查停工物资，工具→停工退油→停工进油，插盲板，蒸煮，吹扫→分析合格后交工单位	停工方案；指导岗位停工操作的文件资料；设备、设施；管线、动静设备；仪表：现场指示各种工艺参数；操作介质；物料	检查各岗位停工方案、完成质量退料、蒸煮、吹扫等操作	讲机，防爆便携式可燃气报警器	单独完成	是装置变动部分主要操作技能反映员工技能水平，为装置检修提供安全保障	知识	停工操作步骤；异常情况分析各岗位设备及仪表知识
									能力	能进行综合检查；仪表等停止本岗位工作；车程序停工时的倒空、蒸煮、吹扫退料等工作；能完成停车前后工艺，设备综合检查；能按指令排放低温液体

续表

工作岗位	主要职责	具体任务	工作流程	工作对象	工作方法	使用的工具	劳动组织方式	与其他任务的关系	所需的知识、能力与态度	
									知识	岗位设备使用及维护；岗位静设备内部结构及作用
3. 运转工程师（发展岗位）	负责班组生产工艺技术检查和操作监控；负责对班组生产运行工艺情况进行工况分析和日分析；生产主要包括生产日周月总结和生产计划、完成和主要经济技术指标分析，操作平稳率分析；操作平稳情况分析，并提出相应的技术分析；负责班组波动和事故的技术分析，并提出相应对策措施；影响产品质量、装置安全运行的工艺参数执行指导方案，对生产工况进行监督，对违反操作规程的现象及时进行更正	设备使用与维护	·正确操作离心泵、计量泵、螺杆泵等机泵 ·正确使用冷凝器、控制阀等设备 ·正确操作其他设备及掌握润滑知识	·操作规程：含有指导设备操作的文件 ·机泵：输送介质的设备 ·润滑油：保护设备运转	·执行操作规程中关于设备、润滑内容的相关操作	·阀门扳手、防爆对讲机、便携式可燃气报警器、检修用工具	·单独完成	·是装置正常操作的一个组成部分，能体现员工的设备知识	能力	能熟练操作；维护本岗位的动静设备；能够解决操作过程中的技术难题，能对设备使用过程中提供技术指导
									知识	岗位应急安全规定、性质及安全知识；应急措施的使用知识
		事故判断与处理	·发现异常→查找原因→正确处理或上报	·操作规程、岗位应急处理预案；指导情况的文件资料 ·消防设施：灭火器、消防栓、消防设施、蒸汽等 ·设备、设施：管线、动静设备 ·操作介质：装置内的物料	·执行应急处理方案处理突发异常情况	·阀门扳手、防爆对讲机、便携式可燃气报警器、检修用工具	·单独完成	·是装置运行中的异常情况，能反映员工处理事故的技术水平	能力	能及时发现装置的异常现象，能够正确分析异常现象的原因，提出解决问题的具体办法；不能解决时及时上报
									知识	工艺流程图的绘制；化工原理
		绘图与计算	·绘制流程 ·岗位流程 ·掌握岗位物料衡算	·装置实际流程及装置内相关流量指示	·岗位流程：含控制的详细流程 ·物料衡算：根据实际流程核算变化量进相关物料产出	·文具	·单独完成	·能体现员工技术素质	能力	能绘制装置工艺流程图、带控制点的工艺流程图及设备图；能进行物料衡算、热量衡算等的加入量；化工助剂等的加入量，能计算反应转化率，产品产率等

续表

工作岗位	主要职责	具体任务	工作流程	工作对象	工作方法	使用的工具	劳动组织方式	与其他任务的关系	所需的知识、能力与态度	
									知识	能力
4.班长（发展岗位）	负责本班生产计划、生产方案及运行过程中的安全调度管理；按照工艺指标要求，保证生产平稳、产品质量合格，对生产工艺、工艺技术、安全管理负直接责任	开车准备	熟悉开工方案→落实开工物资、工具→组织检查设备、设施→组织装置吹扫、试漏→仪表联校→单机试运合格	开工方案：指导开工操作文件资料；设备、动静设备安装完好性、润滑情况；DCS仪表：现场仪表与DCS动作一致性，一次表投用情况；单机，如电动机、搅拌器等	检查各岗位开工准备逐项核对确认情况	防爆对讲机	两人以上协作	是开车操作的重要组成部分	掌握岗位开工准备步骤；掌握设备、设施安装知识；掌握岗位DCS操作	具备本班人员的协调能力；能够配合车间制定开工方案；能够判断仪表的工作状态是否正常；能判断装置安装设备是否正确
		开车操作	安排氮气置换→安排抽盲板、试漏→装置收油、调程→组织开工操作	开工方案：指导开工操作文件资料；设备、设施：装置、管线、动静设备；仪表：DCS指示与DCS指示一次校对；操作介质：装置内物料	检查每个开工步骤的完成情况	防爆对讲机	两人以上协作	是装置变动的一个主要部分，能充分反映班组操作能力	氮气转换原理；装置开工工步；注意事项；熟悉装置实际流程；掌握事故预想及处理；DCS操作知识	具备与内操、外操沟通能力；DCS操作能力；岗位开工操作协调能力；工艺异常情况处理能力
		正常操作	检查生产岗位生产情况，如工艺参数值、产品质量、物料平衡等；检查生产岗位工艺纪律，记录如日记、参数书写质量、参数是否超标、岗位巡检等；检查岗位执行上及指令情况	操作规程：指导岗位正常操作的文件资料；设备、设施、应急设施，DCS操作站	检查各生产岗位工艺各项工作落实情况	防爆对讲机，DCS工作站	单独完成	是装置运行的相对稳定状态，能反映班长的日常管理水平	装置工艺原理、物料性质、装置公用工程、装置异常处理预案；设备、设施使用及管理知识	能认真检查岗位生产情况，如工艺参数值；能检查产品质量；能记录书写质量，参数是否超标；岗位巡检等；检查岗位指令执行情况

续表

工作岗位	主要职责	具体任务	工作流程	工作对象	工作方法	使用的工具	劳动组织方式	与其他任务的关系	所需的知识、能力与态度	
4.班长（发展岗位）	负责本班生产计划、生产方案及生产运行中的安全管理；按照工艺指标要求，保证产品质量合格，产品质量，对工艺技术安全管理负直接责任	停车操作	学习停工方案→检查工具、工物资→停进料→捅冒油→退料→蒸煮吹扫→分析合格后交施工单位	停工方案；指导岗位停工操作的文件资料	组认并确认各本岗位方案按停工方案完成退油、蒸煮、吹扫等操作	防爆对讲机、DCS工作站	两人以上协作	是装置操作变动的主要部分，能充分反映班长组织、操作水平	知识	停工操作步骤、异常情况分析及处理；书写表达知识
									能力	能够协调，组织本班人员；能配合车间制定停工方案进行停工操作及DCS操作；能完成停岗位停工时的倒空、调整、蒸煮、排水、置换等工作；能完成停车前后岗工、设备综合检查
		设备使用与维护	正确操作离心泵、计量泵、螺杆泵等；正确使用冷凝器、控制阀等；正确操作其他岗位设备	操作规程；含有介质的机泵、设备；润滑油、保护设备运转	执行操作规程中关于设备的相消内容的相关操作	阀门扳手、防爆对讲机、便携式可燃气体报警器、检修用工具	单独完成	是装置的正常操作一个组成部分，能体现班长的设备知识	知识	装置设备使用及维护；装置内部结构知识
									能力	能够组织本班人员进行动静设备操作、使用及维护
		事故判断与处理	发现异常→查找原因→正确处理或上报	操作预案、岗位应急处理预案；异常情况下的指导文件；消防设施；消防栓、灭火器等；设备、设施、动静设备；操作介质、装置内的物料	组织执行应急方案处理异常情况发现异常	防爆对讲机	单独完成	是装置的异常运行情况，能反映班长的操作处理水平	知识	岗位应急处理预案；岗位物料性质及安全规定；应急设施使用知识
									能力	能处理异常情况，分析、处理异常并发现；能够协调班组之间及车间的关系
		绘制与计算	绘制流程图、岗位盲板图等；掌握本岗位物料衡算、物料供应及三剂使用的计算等	装置流程图、统计报表、能耗、成本核算表等	及时编写各种技术文件、绘制各种图表，及时完成各种报表	电脑	单独完成	能体现班长的综合素质	知识	工艺流程图、表的绘制；化工原理；电脑知识
									能力	能绘制装置工艺流程图、识读装置设备图；能进行物料衡算、热量衡算；能计算工助剂等的加入量；能计算反应转化率、产品收率等

表 2-3　炼油技术专业（群）职业行动能力分析

岗位名称	具体工作任务	职业行动能力	职业行动能力分类	典型工作任务（行动领域）	典型工作（学习领域）
1. DCS 外操岗、炉岗、塔岗、电精制岗、吸收稳定岗、热工岗、三机组岗、抽提岗、焦炭塔等分岗、劳分岗等炼油岗位）	1.1 开车准备	1.1.1 能读懂本装置工艺流程图 1.1.2 能理解本装置工艺原理 1.1.3 能读懂本装置开工方案 1.1.4 能使用开车所需工具、器具等 1.1.5 能使用蒸汽、氮气、水和风等介质 1.1.6 能完成排污、脱水等操作，能配合油品采样 1.1.7 能进行装置试漏 1.1.8 能确认所属阀门开关状态 1.1.9 能进行仪表联校	1.1 开车准备 1.2 开车操作 1.3 正常操作 1.4 停车操作 1.5 设备使用判断与维护 1.6 事故判断与处理 1.7 绘图与计算 1.1.3 能读懂开工方案 1.2.2 熟悉现场工艺流程 1.2.8 能够按开工方案执行现场工艺参数是否正常 1.3.1 能正确判断现场工艺参数是否正常 1.3.2 能认真做好巡检记录 1.3.3 能改动常用工艺流程 1.3.5 能完成排凝液操作 1.3.6 能处理本岗位质量指标波动 1.3.12 发现异常现象能及时处理或上报 1.4.4 能根据停车程序停止本岗位设备进料 1.4.13 能停止冷凝器真空操作 1.4.14 能按指令吹扫制作简单的工艺系统 1.6.12 能协助处理再生蒸汽热制油质量不合格事故 1.6.13 能协助处理精制带液事故 1.6.14 能计算化工助剂等的加入量 1.7.4 能协助处理瓦斯带液等异常事故	顶岗操作： (1) 开车准备 (2) 开车操作 (3) 正常操作 (4) 停车操作 (5) 设备使用与维护 (6) 事故判断与处理 (1) 根据原油的组成和性质，对不同产地原油进行分类描述 (2) 根据原油组成进行加工方案分析 (3) 以实训装置为载体，读懂操作规程 (4) 以实训装置为载体，现场查流程 (5) 以实训装置为载体，进行开车操作 (6) 以实训装置为载体，进行停车操作 (7) 以实训装置为载体，进行操作过程的影响因素分析 (8) 根据现场操作情况，进行参数调节及异常现象分析	顶岗操作 (1) 原油性质分析 (2) 常减压蒸馏操作（以常减压蒸馏仿真软件、常减压实物工厂为载体）

续表

岗位名称	具体工作任务	职业行动能力	职业行动能力分类	典型工作任务（行动领域）	典型工作（学习领域）
1. DCS 外操（塔岗、炉岗、电精制岗、吸收稳定岗、热工岗、泵岗、三机组岗、劳分岗、抽提岗、空分岗、焦炭塔等炼油岗位）	1.2 开车操作	1.2.1 具备与内操沟通能力 1.2.2 熟悉现场工艺流程 1.2.3 能正确使用工具进行抽盲板、试漏工作 1.2.4 能够正确操作现场阀门进行装置收油 1.2.5 能够正确启动流体输送设备 1.2.6 能配合内操进行冷油循环操作 1.2.7 能够配合加热炉点火升温 1.2.8 能按开工方案执行操作	1.7.6 能计算反应转化率、催化剂及防老剂的加入量等 2.1.3 能协助完成岗位开车前试压、试漏、吹扫、置换等化学药剂的注入操作 2.2.9 能完成注氨、注硫等化学药剂操作 2.2.10 能配制、注入催化剂 2.2.13 能完成焦炭塔试压、预热、放水等操作 2.2.15 能按要求加入各类助剂、催化剂操作 2.3.1 能够熟练掌握工艺原理 2.3.2 能根据工艺参数情况，指示DCS外操、完成相应操作 2.3.3 及时调节处理工艺参数值 2.3.4 发现工艺异常问题，能及时报警或上报 2.3.5 能控制各项参数在工艺卡片范围内并按时按记录 2.3.6 能及时调整各项工艺参数，确保质量合格 2.4.1 能根据指令定岗位停工流程 2.4.2 能进行岗位停车前工艺、设备、仪表等综合检查 2.4.4 能完成停止进料后的工艺调整 2.4.5 能完成排水、置换等工作 2.5.2 能操作单动、双动滑阀等特殊阀门 2.5.10 能投用水封、能操作催化剂采样器	(1) 根据市场需求、理解原油二次加工的目的、意义	(1) 催化裂化生产操作与过程
	1.3 正常操作	1.3.1 能够按时巡检，正确判断现场工艺数据是否正常 1.3.2 能认真做好巡检记录 1.3.3 能改动常用工艺流程 1.3.4 能检查核对现场压力、温度、液（界）位、流量、阀位等 1.3.5 能完成排凝液操作 1.3.6 能处理本岗位质量指标波动 1.3.7 能对机系的油温油压进行调整 1.3.8 能对空分装置液位进行简单调整 1.3.9 能完成水冷塔、空冷塔的水位调整 1.3.10 能使用本岗位相关仪表 1.3.11 能判断加热炉的燃烧状况 1.3.12 发现异常现象能及时处理或上报			

续表

岗位名称	具体工作任务	职业行动能力	职业行动能力分类	典型工作任务（行动领域）	典型工作（学习领域）
1. DCS外操（塔岗、炉岗、电精制岗、吸收稳定岗、热工岗、三机组岗、提升岗、芳分岗、焦炭塔等炼油岗位）	1.4 停车操作	1.4.1 能够正确准备停工操作工具 1.4.2 能使用装置配备的各类安全防护器材 1.4.3 能按照装置DCS内操指令进行现场阀门操作 1.4.4 能根据停车程序停止本岗位设备进料 1.4.5 能停运简单动、静设备 1.4.6 能灭加热炉火嘴 1.4.7 能完成螺杆压缩机的停用 1.4.8 能完成机组停车后的盘车 1.4.9 能完成空气过滤器、空冷塔的停车操作 1.4.10 能完成水冷塔停车操作 1.4.11 能完成冷冻机停车操作 1.4.12 能停止冷凝循环 1.4.13 能停止冷凝器真空操作 1.4.14 能按指令完成吹扫简单的工艺系统 1.4.15 能配合质检部进行现场采样（分析）	2.5.11 能完成粉尘收集器切换、反吹及卸粉料操作 2.6.9 能处理装置停原料、水、蒸汽、电、风、燃料等各类突发事故 2.6.10 能处理再生器等突发停车事故 2.6.11 能处理精制油质量不合格事故 2.7.4 能计算工化工助剂等的加入量 3.1.1 具备本班人员的协调、组织能力 3.1.2 能够配合车间制定开车方案 3.1.3 能够判断装置的气密性	(2) 理解原油二次加工的反应机理（不同工艺,不同机理） (3) 分析反应机理与产品性能的关系 (4) 分析DCS图、工艺流程图,识读现场流程 (5) 以实训软件为载体,进行开车操作 (6) 以实训软件为载体,进行停车操作 (7) 以实训软件为载体的仿真操作 (8) 根据操作过程异常现象进行操作数据,进行异常现象分析 (9) 依据实际装置的操作数据,进行转化率等相关计算	(2) 催化重整过程与操作 (3) 催化加氢过程与操作 (4) 延迟焦化过程与操作 (5) 加氢精制过程与操作 (6) 以相应生产过程为真实载体和实际生产载体
	1.5 设备使用与维护	1.5.1 能看懂设备名铭牌 1.5.2 能做好机泵的备用工作 1.5.3 能完成好机泵屏蔽泵、再生系统电加热器 1.5.4 能切换冷油系统的普通离心泵 1.5.5 能操作空冷器 1.5.6 能操作鼓风机、引风机,能使用可燃气体气体报警仪 1.5.7 能操作单动、双动滑阀等特殊阀门 1.5.8 能投用水封 1.5.9 能操作催化剂采样器 1.5.10 能完成粉尘收集器切换、反吹及卸粉料过滤器清洗操作 1.5.11 能完成原料过滤器清洗操作			

续表

岗位名称	具体工作任务	职业行动能力	职业行动能力分类	典型工作任务（行动领域）	典型工作（学习领域）
1. DCS外操岗（塔岗、炉岗、电精制岗、吸收稳定岗、泵岗、热工岗、三机组岗、劳分岗、抽提岗、焦炭塔方岗等炼油岗位）	1.5 设备使用与维护	1.5.12 能投用液位计、安全阀、压力表套制水器 1.5.13 能判断单向阀的方向 1.5.14 能指出本岗位设备、主要仪表套制点、重要阀门、联锁阀的位置 1.5.15 能完成机泵的盘车操作 1.5.16 能添加和更换机、泵的润滑油、润滑脂 1.5.17 能完成设备、管线日常检修的监护工作 1.5.18 能完成机泵、管线、设备的防冻、防凝工作 1.5.19 能更换阀门盘根 1.5.20 能更换压力表、温度计和液位计等 1.5.21 能保持设备和生产环境的清洁	1.7.3 能进行常用单位的换算 1.7.5 能计算精馏塔的回流比、反应器油比 2.2.1 能够掌握本装置的工作原理 2.2.5 能够进行本装置单体设备操作（反应设备、分离设备）的调试与操作 2.2.14 能投用冷油吸收系统 2.3.1 能够熟练掌握精馏原理 2.6.3 能处理温度、压力等参数异常现象 2.6.4 能判断本反应系统压力高、精馏塔温度异常现象并处理的原因 2.6.5 能采取正确手段处理、设备故障并处理 2.6.6 能发现主要运行异常现象并及时处理超压、超温、超电流等异常现象 2.6.9 能处理装置停原料、水、蒸汽、电、风、燃料等各类突发事故	(1) 根据传质过程、描述精馏、吸收、萃取等过程原理 (2) 依据载体现场查找流程 (3) 借助载体打通流程 (4) 借助载体打通流程 (5) 依据实训装置（教学载体）进行精馏、吸收开车操作，停车操作规程 (6) 依据操作过程进行影响因素分析，正确调节生产参数出"合格"产品 (7) 依据异常操作现象，进行现场分析并处理	(1) 精馏过程与操作 (2) 吸收过程与操作 (3) 萃取过程与操作 (4) 沉降过程与操作
	1.6 事故判断与处理	1.6.1 能看懂各种安全警示标志 1.6.2 能判断现场简单跑、冒、滴、漏等一般事故 1.6.3 能处理简单跑、冒、滴、漏事故 1.6.4 能判断计量泵出入口堵、干燥机空、泵不上量、胶粒等简单设备故障的原因 1.6.5 能处理机、泵的一般运行事故 1.6.6 能处理简单设备故障 1.6.7 能判断简单的仪表故障 1.6.8 能判断现场着火位置，并能报火警	1.1.5 能使用蒸汽、氮气、水和风等介质 1.2.5 能够正确启动流体输送设备 1.2.6 能配合内操正确启动冷油循环操作 1.4.10 能完成水冷器、空冷塔的停车操作 1.2.7 能够配合内操进行加热炉点火升温 1.3.7 能对机组进行简单调整 1.3.8 能对空冷分装置液进行简单调整 2.5.3 能操作屏蔽泵、再生系统电加热器	(1) 以实训装置为载体、现场查流程 (2) 以实训装置为载体，完成液体（气体）输送任务[进行液体（气体）输送过程（风机）的开、停车操作] (3) 根据任务条件进行离心泵的选用、安装及调试 (4) 以催化剂输送过程为载体，理解固体流态化的基本原理 (5) 根据虚拟条件，进行热换器选型 (6) 根据生产任务进行热操作（开车、停车操作）	(1) 气体输送过程与操作 (2) 液体输送过程与操作 (3) 固体输送过程与操作

续表

岗位名称	具体工作任务	职业行动能力	职业行动能力分类	典型工作任务（行动领域）	典型工作（学习领域）
1. DCS 外操岗，炉岗、电精制岗、吸收稳定岗、泵岗、热工岗、三机组岗、抽提岗、劳分岗、焦炭塔等炼油岗位）	1.6 事故判断与处理	1.6.9 能使用消防器材扑灭初起火灾 1.6.10 能协助处理装置停原料、水蒸汽、电、风、燃料等各类停工事故 1.6.11 能处理界位，液位等仪表指示失灵事故 1.6.12 能协助处理再生热停车事故 1.6.13 能协助处理精制油质量不合格事故 1.6.14 能协助处理瓦斯带液事故 1.6.15 能紧急处理中毒事故	2.5.4 能操作鼓风机，引风机 2.5.5 能操作往复式压缩机 2.5.7 能操作四注系统机泵并调节流量 2.5.8 能操作减压塔塔顶瓦斯断专用火嘴 1.3.9 能完成水冷塔、空冷塔的水位调整 1.3.11 能判断加热炉的燃烧状况 1.4.3 能按照现场 DCS 内操指令操作阀门	（7）以计算机软件为载体，进行管式加热炉开、停车操作 （8）根据加热生产中的异常现象，分析原因正确处理	（4）物料传热过程与操作 （5）物料加热过程与操作
	1.7 绘图与计算	1.7.1 能绘制装置工艺流程图，原则流程图 1.7.2 能识读设备简图 1.7.3 能进行常用单位的换算 1.7.4 能计算工业助剂的加入量 1.7.5 能计算塔顶回流比、反应氢油比 1.7.6 能计算反应转化率、催化剂及防老剂的加入量等 1.7.7 能计算物料的质量流量、反应空速			

续表

岗位名称	具体工作任务	职业行动能力	职业行动能力分类	典型工作任务（行动领域）	典型工作（学习领域）
2. DCS内操（常压岗、减压岗、反再岗、分离岗、吸收稳定岗、重整工岗、抽提、热焦炭塔等炼油岗位）	2.1 开车准备	2.1.1 熟悉本装置工艺流程 2.1.2 能读懂工艺文件，具备掌握开工方案的能力 2.1.3 能协助完成开车前试压、试漏、吹扫，置换等工作 2.1.4 能完成安全、消防设施投用检查、确认工作 2.1.5 能确认仪表、电控系统投用状态 2.1.6 能增、减加热炉火嘴数量，调节炉温、炉膛负压、氧气含量	1.4.5 能停运简单单动、静设备 1.4.6 能灭加热炉火嘴 1.4.7 能完成螺杆压缩机的停机操作 1.4.8 能完成机组停车后的盘车操作 1.4.9 能完成空气过滤器的停车操作 1.5.1 能看懂设备铭牌 1.5.2 能撤好机泵的备用工作 1.5.3 能操作屏蔽泵，再生系统电加热器 1.5.4 能切换低压、冷油系统的普通离心泵 1.5.5 能操作空冷器 1.5.6 能操作鼓风机，引风机 1.5.12 能投用液位计、安全阀、压力表、疏水器 1.7.7 能判断单向阀的方向		
	2.2 开车操作	2.2.1 能够掌握本装置的工作原理 2.2.2 能够正确启动，调节流体输送设备 2.2.3 能够与外操配合进行装置收油操作 2.2.4 能配合外操进行本装置单体设备操作 2.2.5 能够进行分离设备（反应设备）的调节与单元操作 2.2.6 能够配合外操配合进行加热炉点火升温、增、减火嘴及加热炉的调节 2.2.7 能更改对流、辐射系统循环流程 2.2.8 能正确操作真空系统 2.2.9 能完成注氧、注氨等化学药剂的注入操作 2.2.10 能配制、注入催化剂 2.2.11 能完成换热器投用循环水操作 2.2.12 能按指令完成低温泵的加温、预冷操作 2.2.13 能完成焦炭塔试压、预热、放水等操作 2.2.14 能投用冷油吸收系统 2.2.15 能按要求加入人老类助剂、催化剂操作 2.2.16 能完成催化剂的采样操作	2.1.6 能计算物料的质量数量，调节温、炉膛负压、氧气含量 2.2.2 能够正确启动、调节流体输送设备 2.2.7 能够配合外操进行加热炉点火升温、增、减火嘴及加热炉的调节 2.2.11 能按指令完成换热器投用循环水操作 2.2.12 能按指令完成低温泵的加温、预冷操作 2.4.3 能根据指令完成低温泵停车程序止本岗位 2.4.8 能按指令完成排放低温液体设备进料 2.5.1 能根据工艺要求操作气动与电动阀 2.5.6 能合理调节冷油门、气门、风门和烟道挡板 2.5.12 能投用液位计、安全阀、压力表、疏水器		

续表

岗位名称	具体工作任务	职业行动能力	职业行动能力分类	典型工作任务（行动领域）	典型工作（学习领域）
2. DCS内操（常压岗、减压岗、反再岗、分离岗、吸收稳定岗、重芳热工岗、整流岗、抽提岗、分馏、焦炭塔等炼油岗位）	2.3 正常操作	2.3.1 能够熟练掌握工艺原理 2.3.2 能根据工艺参数情况、指示灯DCS外操、完成相应操作 2.3.3 能添加和更换工艺参数值及时调节相应工艺参数值报警 2.3.4 发现工艺异常问题能及时处理或上报 2.3.5 能控制各项参数在工艺卡片范围内并按时记录 2.3.6 能及时对放时调整各项工艺质量合格	1.1.4 能使用开车所需工具 1.2.4 能够正确操作现场阀门 1.4.1 能够正确准备停车操作工具、泵的润滑 1.5.16 能添加和更换工具的润滑油、润滑脂 1.5.17 能完成设备、管线日常检修的监护工作 1.5.18 能完成机泵、管线、设备的防冻、防凝工作 1.5.20 能更换压力表、温度计和液位计等 1.5.21 能保持设备和生产环境的清洁	（1）以典型的炉、塔、泵、罐、换热器为例进行操作要素描述 （2）以典型的炉、塔、泵、罐、换热器为例学习日常维护要点 （3）以典型的炉、塔、泵、罐、换热器为例进行操作与维护训练	炉、塔、泵、罐、换热的使用与维护
	2.4 停车操作	2.4.1 能根据指令设定岗位停车流程 2.4.2 能进行岗位综合检查 2.4.3 能根据停车程序停止本岗位、仪表等设备进料 2.4.4 设备进料后的工艺调整 2.4.5 能完成岗位停止进料后的工艺调整 2.4.6 能按指令置换吹扫简单蒸煮、排水等工作系统 2.4.7 能发指令停车前后工艺、设备系统 2.4.8 能按指令置换放低温低液位综合检查	1.6.2 能判断现场机泵、管线、法兰泄漏等一般事故 1.6.3 能处理简单跑、冒、滴、漏事故 1.6.4 能判断计量泵汽蚀、设备抽空、泵不上量、胶粒泵出入口塔、干燥机返料等简单设备故障的原因 1.6.5 能处理普通离心泵的一般运行事故 1.6.6 能处理简单的抽空、泄漏事故 1.6.10 能判断处理装置停原料、水、蒸汽、电、风、燃料等各类突发事故 1.6.11 能处理界位、液位等仪表指示失灵事故 2.4.7 能完成停车前后工艺、设备综合检查		
	2.5 设备使用与维护	2.5.1 能根据工艺要求操作气动阀与电动阀 2.5.2 能操作单动、双动滑阀等特殊阀门 2.5.3 能操作屏蔽泵、再生系统电加热器 2.5.4 能操作鼓风机、引风机 2.5.5 能操作往复式压缩机 2.5.6 能合理调节加热炉烧油门、气门、风门和烟道挡板	2.6.2 能判断计量泵汽蚀、能判断简单的仪表故障及处理 3.1.5 能判断现场设备安装情况是否正确 1.3.4 能检查核对现场压力、温度、液（界）位、流量、阀位等	（1）以仿真软件或实训装置为载体进行DCS操作	炼化过程检测与控制

续表

岗位名称	具体工作任务	职业行动能力	职业行动能力分类	典型工作任务（行动领域）	典型工作（学习领域）
2. DCS内操（常压岗、减压岗、反再岗、分离岗、吸收稳定岗、重整工岗、加热炉岗、抽提岗、焦炭塔分馏岗等炼油岗位）	2.5 设备使用与维护	2.5.7 能操作四塔回流系统机泵并调节流量 2.5.8 能操作减压塔顶专用火嘴 2.5.9 能操作声波除尘器 2.5.10 能投用水封，能操作催化剂采样器 2.5.11 能完成粉尘收集器切换、反吹反卸粉尘操作 2.5.12 能投用液位计、安全阀、压力表、疏水器 2.5.13 能指出本岗位设备、主要仪表控制点、重要阀门、联锁的位置 2.5.14 能完成计量泵的调校 2.5.15 能协助完成自动秤的调校	1.1.8 能确认所属阀门开关状态 1.1.9 能进行仪表联校 1.3.10 能使用本岗位相关仪表 2.1.5 能确认仪表、电整系统投用状态 2.5.13 能指出本岗位设备、主要仪表控制点、重要阀门、联锁的仪表联锁系 2.6.8 能判断简单的仪表故障检修 3.1.4 能够判断仪表的工作状态是否正常专业人员	（2）以仿真软件或实训装置为载体进行参数检测与控制，并能对控制方案进行分析 （3）以实训装置为载体，根据参数变化分析，判断仪表故障	
	2.6 事故判断与处理	2.6.1 能判断计量泵汽蚀，压力高、设备抽空、泵不上量等现象的原因及时处理 2.6.2 能判断计量泵汽蚀，能判断简单的仪表故障及处理 2.6.3 能判断异常现象及处理 2.6.4 能处理本岗位质量指标波动常现象 2.6.5 能判断简单工艺、设备事故并处理的原因 2.6.6 能发现异常现象并及时处理 2.6.7 能判断反应系统压力高、超温等异常现象并及处理 2.6.8 能判断简单的仪表故障联系专业人员检修 2.6.9 能处理装置停原料、水、蒸汽、电、风、燃料等各类突发事故 2.6.10 能处理再生热停车事故 2.6.11 能处理精制油质量不合格事故	1.1.6 能完成排污、脱水等操作，能配合油品采样 1.4.15 能配合质检部进行现场采样（分析） 1.5.9 能操作催化剂采样器 2.2.16 能完成催化剂的采样操作	（1）以石油化工产品为载体，按照行业标准进行物质含量分析，进行油品理化性质测定 （2）石油产品使用性能进行能测定	（1）容量分析 （2）石油产品理化性质测定 （3）石油产品使用性能测定
			1.7.1 能绘制装置工艺流程图、原则流程图 1.7.2 能识读工艺流程图 2.7.1 能绘制工艺流程图、带控制点的工艺流程图 2.7.2 能识读工艺流程图 3.7.1 能绘制装置工艺流程图，识读装置设备图	（1）识读工艺流程图 （2）识读设备简图 （3）绘制工艺流程图 （4）绘制设备结构图	工艺流程图识读与绘制

续表

岗位名称	具体工作任务	职业行动能力	职业行动能力分类	典型工作任务（行动领域）	典型工作（学习领域）
3. 班长（发展岗位）	3.1 开车准备	3.1.1 具备本班人员的协调、组织能力 3.1.2 能够配合车间制定开工方案 3.1.3 能够判断装置的气密性 3.1.4 能判断仪表的工作状态是否正常 3.1.5 能判断断设备安装情况是否正确	1.4.2 能使用装置配备的各类安全防护器材 1.6.1 能看懂各种安全警示标志 1.6.15 能紧急处理中毒事故 2.1.4 能完成安全、消防设施的检查、确认工作 2.2.3 能检查岗位开工、正常生产过程中工具、操作中安全因素 3.5.1 能检查设备使用过程中工具、操作人员的安全防护等 3.6.1 检查事故处理过程中的安全措施	(1) 识别安全标识 (2) 使用各类安全防护器材 (3) 处理各类安全事故 (4) 健康管理体系 (5) 安全管理体系 (6) 安全管理体系	(1) 石油化工安全技术 (2) HSE
	3.2 开车操作	3.2.1 具备与内操、外操沟通能力 3.2.2 DCS操作能力 3.2.3 岗位开工操作协调能力 3.2.4 工艺异常情况处理处理能力			
	3.3 正常操作	3.3.1 能认真检查岗位生产情况，如加工工艺参数值、产品质量、物料平衡等 3.3.2 能检查岗位质量，如日记记录书写质量是否超标、岗位巡检等 3.3.3 能检查岗位执行上级指令情况			
	3.4 停车操作	3.4.1 能够协调、组织本班人员 3.4.2 能够配合车间制定停车方案 3.4.3 能够进行停料操作现场操作及DCS操作 3.4.4 能完成停料后的工艺调整 3.4.5 能完成换岗工作时的倒空、蒸煮、排水、置换等 3.4.6 能完成停车前后工艺、设备综合检查			
	3.5 设备使用与维护	3.5.1 能够组织本班人员进行动静设备操作、使用及维护	1.6.9 能使用消防器材扑灭初起火灾 1.5.6 能使用硫化氢、可燃气体报警仪		
	3.6 事故判断与处理	3.6.1 能够组织人员及时发现、分析、处理异常情况 3.6.2 能够协调班组之间及车间关系			
	3.7 绘图与计算	3.7.1 能绘制装置工艺流程图、识读装置设备图 3.7.2 能进行物料衡算、热量衡算 3.7.3 能计算工艺助剂的加入量 3.7.4 能计算反应转化率、产品产率等			

表 2-4 炼油技术专业课程结构

类　　别	课　程　名　称	说　　明
公共基础课程	1. 思想道德修养与法律基础	
	2. 毛泽东思想与中国特色社会主义理论体系概述	
	3. 岗位身体素质训练	
	4. 实用英语	
	5. 计算机基础应用与操作	"教学做"一体化课程
	6. VFP 程序设计	"教学做"一体化课程
	7. VFP 程序设计技能训练	
	8. 数学应用与计算	
	9. 化学基本理论及应用	
专业技术课程	1. 石油产品分析与检测	项目化课程
	2. 工艺流程图识读与绘制	项目化课程
	3. 物料输送与传热	项目化课程(核心课程)
	4. 物料分离过程与操作	项目化课程(核心课程)
	5. 原油一次加工过程与操作	项目化课程(核心课程)
	6. 石油二次加工过程与操作	项目化课程(核心课程)
	7. 炼化设备使用与维护	项目化课程
	8. 炼化生产过程的检测与控制	项目化课程
拓展课程	1. 有机化工生产技术	
	2. 反应过程与操作	
	3. 电机原理及安全用电	
	4. 石油化工安全技术	
	5. HSE	
公共选修课程	1. 职业规划与就业指导(专题讲座)	
	2. 心理健康教育(专题讲座)	
	3. 形势与政策(专题讲座)	
	4. AutoCAD	
	5. DCS 操作系统	
	6. 三废处理	
其他项目	1. 军训	
	2. 入学教育	
	3. 毕业教育	
	4. 燃料油生产工技能考证	
	5. 认知实践	
	6. 协岗实践	
	7. 顶岗实践	
	8. 炼油(化工)生产装置标定或毕业设计	

表 2-5 炼油技术专业公共基础课程

序号	课 程 名 称	教 育 目 标	学时	备　　注
1	思想道德修养与法律基础	(1)加强思想道德教育,培养正确的世界观、人生观,提高思想道德素质 (2)普及法律知识,培养知法、守法	60	
2	毛泽东思想与中国特色社会主义理论体系概述	(1)加强党史教育,使学生自觉拥护党的领导和党的基本路线 (2)培养建设中国特色社会主义的思想基础	68	
3	形势与政策	(1)结合国内外形势对学生进行形势和政策教育,帮助学生分清是非,提高政治觉悟 (2)及时了解、正确对待国内外重大时事,使学生在改革开放的环境下有坚定的立场、有较强的分析能力和适应能力	2 次	专题讲座

续表

序号	课程名称	教育目标	学时	备注
4	岗位身体素质训练	（1）进行体育素质训练，提高身体素质 （2）进行身体健康教育，培养团队协作精神 （3）达到国家大学生体育锻炼标准	96	
5	实用英语	（1）掌握基本语法和一定的词汇量 （2）具备一般交流能力和阅读能力 （3）具备一定专业英语能力	192	取得英语A级证书
6	计算机基础应用与操作	（1）掌握计算机基础知识，具备计算机基本应用能力 （2）熟练掌握 Windows、Word、Excel、PowerPoint 的功能和操作技巧 （3）熟练掌握计算机网络基本操作	60	
7	VFP 程序设计	（1）掌握 VFP 语言设计程序基础知识 （2）能够运用 VFP 语言进行相关程序设计	68	取得计算机二级证书
8	数学应用与计算	（1）培养逻辑思维能力和数学计算能力 （2）能够进行相应的专业核算	60	
9	化学基本理论及应用	（1）掌握化学反应速率和化学平衡，酸碱反应、沉淀反应、氧化还原反应的基本原理和基础知识 （2）掌握有机化学的基本理论，烷烃、烯烃、炔烃、芳香烃及烃的衍生物的基本性质，典型有机化合物的制备	90	

十、专业实训条件建设基本要求及建设建议

（一）基本要求

根据炼油技术专业服务的区域与行业的要求，实验实训条件基本要求如下。

1. 校内实训基地

其基本配置见表 2-12。

2. 校外实训基地

依托行业企业建设校外实训基地，形成校内、校外实训基地互补，为学生进行协岗实践、顶岗实践和教师"双师"素质培训提供场所，为炼油技术专业建设提供保障，计划在原有基础上增加 8 个校外实训基地。

（二）建设建议

（1）科学规划、合理设置。

（2）采取校企共建方式进行建设，不仅要满足教学需要还要满足企业员工培训需要，校企合作互惠共赢。

（3）环境建设要具有真实性、职业性和先进性。

（4）功能要具有多样性，同时满足教学、培训和科研需要。

十一、实施建议

炼油技术专业利用校企一家的特殊机制体制，融专业入企业，与锦州石化公司深度合作，实现校企资源共享。在校企合作平台下，积极引导企业参与教学人才培养的全过程，包括人才培养目标定位、培养模式制定、课程建设、实训基地建设、师资队伍建设和教学管理等各个环节，实现校企共建专业、共同培养人才的目的。

表 2-6 炼油技术专业技术课程

序号	课程名称	教育目标	学时	典型工作	典型工作任务
1	石油产品分析与检测	(1) 了解油品分析的目的、任务和行业标准 (2) 掌握石油产品的取样方法 (3) 掌握石油产品常用的分析方法 (4) 掌握原油及产品性能的测定方法 (5) 能够正确处理数据并进行测量结果分析	68	(1) 容量分析 (2) 石油产品理化性质及使用性能测定	(1) 以石油化工产品为载体,按照行业标准进行物质含量分析,进行石油产品常用性质测定 (2) 对石油产品使用性能进行测定
2	工艺流程图识读与绘制	(1) 掌握工艺流程图的结构 (2) 掌握设备结构图结构 (3) 具备识读流程图、设备结构图能力 (4) 具备手工绘图和计算机绘图能力	78	工艺流程图识读与绘制	(1) 识读工艺流程图 (2) 识读设备结构图 (3) 绘制工艺流程图 (4) 绘制设备结构图
3	物料输送与传热	(1) 掌握物料输送的基本知识(气、液、固) (2) 掌握换热、加热基本原理及其计算 (3) 具备流体输送设备使用与调节能力 (4) 具备换热、加热设备使用及调节能力 (5) 能够分析判断异常现象原因并采取相应措施	136	(1) 气体输送过程与操作 (2) 液体输送过程与操作 (3) 固体输送过程与操作 (4) 物料传热过程与操作 (5) 物料加热过程与操作	(1) 以实训装置为载体,识读流程图,现场查流程 (2) 以实训装置为载体,完成离心泵系的选用 [进行泵(风机)的开、停车操作] (3) 根据模拟条件进行离心泵系的选用 (4) 以催化剂输送过程为载体,理解固体流态化的基本原理及其相关操作 (5) 结合换热器实例,进行相应计算 (6) 根据"生产"任务进行换热操作(开车、停车操作) (7) 结合加热炉实际,进行加热炉软件仿真相关计算 (8) 以加热炉仿真软件为载体,进行管式加热炉开、停车操作
4	物料分离过程与操作	(1) 掌握精馏原理、吸收原理、液液萃取原理 (2) 掌握物料衡算方法 (3) 掌握理论塔板数的计算、填料层高度计算、吸收剂用量计算、萃取剂用量等内容 (4) 能够借助载体对进行精馏、吸收、萃取操作 (5) 能够对操作过程进行精馏、调节操作参数、控制产品质量 (6) 能够分析异常现象并采取相应措施 (7) 一般性掌握重力沉降、离心沉降的概念相关计算 (8) 能够进行非均相物系操作	128	(1) 蒸馏过程与操作 (2) 吸收过程与操作 (3) 萃取过程与操作 (4) 沉降过程与操作	(1) 根据传质过程,描述精馏、吸收、萃取原理 (2) 依据教学载体,读懂相应操作规程 (3) 借助载体现场查流程 (4) 借助载体打通流程 (5) 依据实训装置(教学载体)进行精馏、吸收开车操作、停车操作 (6) 依据操作过程进行影响因素分析,正确调节操作 (7) 依据异常操作现象,进行现场分析并处理 (8) 以乙醇—水精馏装置为载体进行装置能耗标定(或板效率标定)

续表

序号	课程名称	教育目标	学时	典型工作	典型工作任务
5	原油一次加工过程与操作	(1)了解典型原油的组成性质及其性质 (2)了解原油分类能够选择合适的加工方案 (3)理解原油品理化性质能够分析性质使用性能的关系 (4)掌握原油预处理应用的作用，根据情况采取相应措施 (5)理解原油减压蒸馏塔的特点，能够借助载体进行装置的开、停车操作 (6)理解原油设备腐蚀原理，能够采取相应措施进行防腐 (7)能够进行装置操作因素分析，正确处理异常事故	128	(1)原油性质分析 (2)常减压蒸馏操作(以常减压蒸馏仿真软件、常减压实物工厂为载体)	(1)根据典型原油的组成和性质，对不同产地原油进行分类描述 (2)根据原油组成和性质进行加工方案分析 (3)以实训装置为载体，读懂操作规程 (4)以实训装置为载体，现场查流程 (5)以实训装置为载体，进行开车操作 (6)以实训装置为载体，进行停车操作 (7)以实训装置为载体，进行操作过程影响因素分析 (8)根据操作情况，进行参数调节及异常现象分析
6	石油二次加工过程与操作	(1)理解催化裂化、催化重整、催化加氢、延迟焦化产品精制等原油二次加工过程的主要反应机理，能够根据反应产品特点 (2)掌握主要设备类型特点，了解典型工艺流程 (3)了解催化剂的性质，使用性能 (4)能够借助载体(仿真软件)进行装置的开、停车操作 (5)能够进行装置操作因素分析，熟悉典型事故的处理方法	192	(1)催化裂化生产过程与操作 (2)催化重整过程与操作 (3)催化加氢过程与操作 (4)延迟焦化过程与操作 (5)加氢精制过程与操作 (以相应仿真软件和实际生产装置为载体)	(1)根据市场需求，理解原油二次加工的目的，意义 (2)理解原油二次加工的反应机理(不同工艺，不同机理) (3)分析产品性质 (4)以实训软件为载体，识读现场流程图，DCS图 (5)以实训软件为载体，进行开车操作 (6)以实训软件为载体，进行停车操作 (7)根据操作情况，进行异常现象分析，转化率 (8)依据原油二次加工装置的操作数据，进行产率、转化率等相关计算
7	炼化设备使用与维护	(1)了解常用金属材料的性能特点，牌号及适用范围 (2)了解生产中介质对设备的腐蚀状况及防腐措施 (3)一般性掌握常用炼化设备类型作用及安全使用 (4)基本掌握常用设备的结构特征和日常维护方法 (5)能进行规范操作及日常维护	64	炼化设备使用与维护	(1)以典型的炉、塔、泵、罐、换热器为例，进行操作 (2)以典型的炉、塔、泵、罐、换热器为例，学习日常维护要点 (3)以典型的炉、塔、泵、罐、换热器为例，进行操作与维护训练
8	炼化生产过程检测与控制	(1)了解检测和控制的基本原理 (2)了解不同装置的控制方案 (3)掌握DCS的基本原理和操作技能	64	炼化生产过程检测与控制	(1)以计算机或实训装置为载体进行DCS操作 (2)以计算机或实训装置为载体对参数进行仪表控制方案分析 (3)以实训装置为载体，分析参数变化，判断仪表故障原因

表 2-7 炼油技术专业拓展课程

序号	课程名称	教育目标	学时	典型工作任务	备注
1	有机化工生产技术	(1) 了解典型石油化工装置的生产过程 (2) 理解其工艺的基本原理 (3) 理解计算依据，能够进行相关计算 (4) 能够进行相关仿真操作	64	(1) 碳一系列典型产品生产 (2) 碳二系列典型产品生产 (3) 碳三系列典型产品生产 (4) 碳四系列典型产品生产 (5) 芳烃系列典型系列产品生产 (6) 化工生产操作技术	
2	反应过程与操作	(1) 了解不同反应器的结构及特点 (2) 掌握反应器的工作原理 (3) 了解反应器的使用方法	64	(1) 平推流反应器 (2) 全混向反应器 (3) 轴向反应器 (4) 径向反应器	
3	DCS操作系统	(1) 了解 DCS 操作系统 (2) 掌握相应的操作方法	32	(1) DCS 控制的概念 (2) 仪表控制方案 (3) GUS 和 ENTUM-CS3000 系统	
4	石油化工安全技术	(1) 了解安全生产基本知识 (2) 理解生产过程中的安全要素 (3) 了解各类安全器材的作用及使用方法	32	(1) 识别安全标识 (2) 使用各类安全防护器材 (3) 检查各类安全因素 (4) 处理安全事故	
5	HSE	(1) 掌握 HSE 基本要素 (2) 理解制定 HSE 的重大意义 (3) 能够进行安全生产因素分析和判断	32	(1) HSE 管理体系（基本问题） (2) HSE 管理体系的术语和定义 (3) HSE 管理体系基本要素分析	

表2-8 炼油技术专业课程及教学环节周数分配

分类	课程代码	内容	总学时	设计周	实训周	总学分	第1学年 第1学期	第1学年 第2学期	第1学年 第3学期	第2学年 第4学期	第2学年 第5学期	第2学年 第6学期	第3学年 第7学期	第3学年 第8学期	第3学年 第9学期	备注
		总周数	147				4	22	26	4	22	26	4	22	17	
		假期周数	29					5	7		5	7		5		
		考试周数	5					1	1		1	1		1		
		理论教学/实践教学周数	72/41	8	25	146	4	15	17	4	16	16	4	8	17	
公共基础课程	070201J	思想道德修养与法律基础	60			3		4								
	070202J	毛泽东思想与中国特色社会主义理论体系概述	68			4			4							
	070203J	岗位身体素质训练	96			3		2	2		2					
	070204J	实用英语	192			11		4	4		4	4				
	070205J	计算机应用与操作	60			3		4								
	070206J	计算机应用与操作实训			1	1		1W								
	070207J	VFP程序设计	68			4			4							
	070208J	VFP程序设计技能训练			1	1				1W						
	070209J	数学应用及应用	60			3		4			2					
	070210J	化学理论基础及应用	90			5		6	4		2					
		小计：课程门数														
专业技术课程	070211H	石油产品分析与检测	68			4					4					
	070212H	工艺流程图识读与绘制	78			4		2								
	070213H	物料输送与传热	136			8			8							
	070214H	物料分离过程与操作	128			7					4	4				
	070215H	原油一次加工过程与操作	128			7					8					
	070216H	石油二次加工过程与操作	192			11						8		6		4X
	070217H	炼化设备使用与维护	64			4						4				
	070218H	炼化生产过程的检测与控制	64			4					4					
	070201S	认知实践			2	2	2W									
	070202S	协岗实践			8	8				4W						
	070203S	顶岗实践			16	16							4W	8W	8W	
	070204S	炼油（化工）生产装置鉴定或毕业设计		8		8						2W				
	070205S	燃料油生产工考证			2	2								2		
		小计：课程门数														

续表

分类	课程代码	内容	总学时	设计周	实训周	总学分	第1学年 第1学期	第1学年 第2学期	第1学年 第3学期	第2学年 第4学期	第2学年 第5学期	第2学年 第6学期	第3学年 第7学期	第3学年 第8学期	第3学年 第9学期	备注
		总周数	147				4	22	26	4	22	26	4	22	17	
		假期周数	29					5	7		5	7		5		
		考试周数	5					1	1		1	1		1		
		理论教学/实践教学周数	72/41	8	25	146	4	15	17	4	16	16	4	8	17	
拓展课程	070219T	有机化工生产技术	64			4								4F		
	070220T	反应过程与操作	64			4					4					
	070221T	电机原理及安全用电	48			3						2		6		
	070222T	HSE	32			2						2				
	070223T	石油化工安全技术	32			2							2			
		小计：课程门数									1	3		2		
选修课程	070201XX	职业规划与就业指导（专题讲座）	12			1							2×4			
	070202XX	心理健康教育（专题讲座）	12			1	1×4						1×4			
	070203XX	形势与政策（专题讲座）	8			0.5								2×4		
	070204XX	AutoCAD	32			1.5				1×4						
	070205XX	DCS操作系统	32			1.5						2		2		
	070206XX	三废处理	32			1.5						1		2		
		小计：课程门数												2		
其他	070201Q	军训			1	1	1W									
	070202Q	入学教育			1	1	1W									
	070203Q	毕业教育			1	1										1W
		小计：课程门数														
		各学期周学时						26	26	26	26	26	24	24	24	

注：后缀 X——虚拟工厂实践教学；后缀 F——仿真工厂实践教学；后缀 W——实训周。

表 2-9　专题讲座与选修课

分类	课程代码	内　容	学时	学分	第一学年	第二学年		第三学年			备注
					第 1 学期	第 4 学期	第 6 学期	第 7 学期	第 8 学期	第 9 学期	
选修课程	070201Q	职业规划与就业指导（专题讲座）	12	1				2×4			
	070202Q	心理健康教育（专题讲座）	12	1	1×4	1×4		1×4			
	070203Q	形势与政策（专题讲座）	8	0.5					2×4		
	070204Q	AutoCAD	34	1.5			2/周				
	070205Q	DCS操作系统	28	1.5					2		
	070206Q	三废处理	28	1.5					2		
其他	070207Q	军训	30	1	1W						
	070208Q	入学教育	30	1	1W						
	070209Q	毕业教育	30	1						1W	
		合　计	212	10							

表 2-10　炼油技术专业证考安排

序号	证书名称	考核等级（必须取得的证书）	考核时间安排
1	燃料油生产工（必考）	三级	第 6 学期
2	油品分析工（选考）	三级	第 5 学期
3	英语等级证书（必考）	A 级	第 3/5 学期
4	计算机等级证书（必考）	全国计算机等级考试二级证书	第 3/5 学期

表 2-11　炼油技术专业教学环节周数统计

内容	认知实践	协岗实践	顶岗实践	入学教育	军事教育	毕业教育	标定（设计）	实习专周	实践环节累计周数	理论教学周数	教学总周数
周数	2	8	8	1	1	1	8	2	31	74	105

注：理论教学中包括项目化教学。

表 2-12　校内实训基地基本配置

序号	名　称	基本配置要求	场地大小/m²	功　能　说　明
1	化学实验技术实训室	具有定量分析仪器、滴定分析仪器、天平等常用仪器,满足学生基本操作需要	150	培养学生的基本操作技能
2	油品分析实训室	具有石油产品的流动性能、燃烧性能、腐蚀性能等测定仪器,满足学生实际操作需要	150	能满足项目化教学需要,培养学生的基本操作技能
3	化工单元实训室	具有流体流动、传热、精馏、吸收等单元操作设备,具有真实的职业工作环境	300	能满足项目化教学需要,培养学生的单元操作技能
4	汽提塔	具有完整的精馏装置环境,能够满足现场教学需要	150	精馏装置的流程教学,主体设备、附属设备现场教学,塔结构现场教学,培养学生对精馏装置结构的认识
5	化工设备实训中心	具有管路拆装、各种流体输送设备	450	进行管路拆装实训;液体输送设备的结构认识及操作要点训练;气体输送设备的结构认识及操作要点、注意事项等现场教学
6	炼油虚拟仿真实训室	化工单元仿真软件 13 套,炼油全装置仿真软件 8 套	160	化工单元仿真操作训练,炼油全装置仿真操作训练(综合能力培养)
7	常减压实物工厂	具有典型三塔两炉工艺流程,手动控制及 DCS 控制	140	真实情景的综合操作技能训练,满足原油一次加工过程与操作教学要求
8	苯乙烯仿真工厂	具有真实职业环境,能够进行实际装置开车、停车等操作训练及 DCS 操作训练	200	真实情景的综合操作技能训练,满足《典型化工装置过程与操作》教学要求
9	乙酸乙酯实训装置	具有真实职业环境,能够进行乙酸乙酯实际开车、停车等操作训练及 DCS 操作训练	280	真实情景的综合操作技能训练,满足《典型化工装置过程与操作》教学要求

在人才培养模式上,按照"分段实施,全程对接"模式进行,实现理论与实践相互结合渗透,校企共建能力本位的课程体系和行动导向的课程内容,将企业文化、先进技术、管理方法、企业标准和职业规范引入教学中,实现岗位标准语课程标准有机衔接,形成具有工学结合特色的人才培养模式。

教学方法上,以能力培养为目标,以学生为主体,结合课程内容采用适当方法调动学生积极性,增强教学效果。

十二、学习评价建议

(一)评价目的
激发学生主动学习积极性,从终结性考核向过程考核转变。

(二)评价的模式
1. 过程考核与终结性考核相结合

将学习态度、学习过程中表现纳入考核内容之中,由单一的终结性考核转变为过程考核与终结性考核相结合的方式。

2. 个体评价与小组评价相结合

培养团队精神和合作意识。

3. 理论学习评价和实践技能评价相结合

知识、技能和素质评价并重。

（三）评价的方式

书面考试、口试、现场操作、项目报告等进行整体性、过程性和情境性评价，有条件的可以和企业评价相结合。

（四）评价结果的反馈

通过及时反馈，更好地改进评价方法、促进学生学习与发展。

第三部分

炼油技术专业（群）课程标准

《物料输送与传热》课程标准

（适用于三年制高职炼油技术专业）

制定人：刘春玲　　　　　审核人：于月明

一、制定课程标准的依据

（1）依据炼油技术专业人才培养规格要求及对《物料输送与传热》课程的要求。

（2）依据教学团队对物料输送与传热相关岗位的调研。

（3）依据石油石化行业燃料油生产工国家职业标准。

二、课程的性质与作用

《物料输送与传热》课程是"炼油技术专业"在基于工作过程系统化的课程改革体系下整合出的一门专业技术课，在课程体系中起着承前启后的桥梁作用。

本课程根据物料输送与传热岗位的需求及国家职业标准，确定教学内容。通过对《物料输送与传热》课程教学情境下任务的学习与训练，使学生获得物料输送与传热岗位的实际操作技能，能够用工程观点观察、分析和解决常见物料输送与传热过程的操作问题，培养学生的动手能力，为后续《物料分离过程与操作》、《原油一次加工过程与操作》、《原油二次加工过程与操作》、生产实习及毕业设计打下基础。

三、本课程与其他课程的关系

本课程与其他课程的关系见表 3-1。

表 3-1　《物料输送与传热》与其他课程的关系

序　号	前期课程名称	为本课程支撑的主要能力
1	化学基本理论及应用	提供化学理论
2	计算机基础应用与操作	计算机操作能力
3	工艺流程图识读与绘制	识图、画图能力
序　号	后期课程名称	需要本课程支撑的主要能力
1	物料分离过程与操作	泵、压缩机、换热器、加热炉等设备的原理和操作技能
2	原油一次加工过程与操作	泵、压缩机、换热器、加热炉等设备的原理和操作技能
3	原油二次加工过程与操作	泵、压缩机、换热器、加热炉等设备的原理和操作技能

四、课程的教学目标

通过对《物料输送与传热》课程教学情境下任务的学习与训练，使学生掌握物料输送与传热过程的基本概念、理论、设备等知识，使学生获得物料输送与传热岗位的实际操作技能，能够从事炼油化工生产中物料输送与传热岗位的现场操作和技术管理工作。

（一）知识目标

（1）掌握物料输送与传热过程中管路的构成、布置、计算及安装原则。

（2）掌握气体、液体、固体输送操作的基本原理及工业应用。

（3）掌握物料传热过程基本原理及工业应用。

（4）掌握物料输送设备、传热设备的结构、工作原理。

（5）掌握气体、液体、固体输送及传热过程中的基本计算。

（6）掌握物料（气体、液体、固体）输送与传热过程中典型故障及处理方法。

（7）掌握物料输送与传热操作安全知识，了解化工节能和环保知识。

（二）能力目标

（1）能利用化工手册、工艺图表、网络资源等，获取有用信息。

（2）能够根据物料输送任务正确选用物料输送方法、输送机械。

（3）能够识读、绘制物料输送与传热的流程图。

（4）能进行泵、压缩机、加热炉的开、停车操作及事故处理。

（5）能进行换热器的投用。

（6）能进行物料输送与传热过程中压力、流量、液位的测量及控制调节。

（7）能正确分析物料输送与传热过程中的异常现象并能进行正确处理。

（8）能正确填写机泵的运行记录、交接班记录。

（三）素质目标

（1）培养学生敬业爱岗、严格遵守操作规程的职业道德。

（2）培养学生自学能力。

（3）培养学生认真负责、安全生产的意识。

（4）培养学生交流与沟通能力。

（5）培养学生分析问题的兴趣。

（6）培养学生的团队意识。

（7）培养学生归纳、总结意识。

五、课程的教学内容与建议学时

本课程的教学内容与建议学时见表 3-2。

表 3-2 《物料输送与传热》课程的教学内容与建议学时

序号	教 学 情 境	学时	教 学 形 式	备注
1	液体物料的输送过程与操作	36	教、学、做一体化	
2	气体物料的输送过程与操作	16	教、学、做一体化	
3	固体物料的输送过程与操作	16	教、学、做一体化	
4	物料换热过程与操作	32	教、学、做一体化	
5	物料加热过程与操作	36	教、学、做一体化	
合计		136		

六、课程教学设计指导框架

本课程教学设计指导框架见表 3-3。

表 3-3　《物料输送与传热》课程教学设计指导框架

学习情境名称	教学目标	学习与训练内容	教学载体	学时建议	教学方法与教学资源	教学环境说明	考核评价
液体物料的输送过程的操作	（1）能进行泵的开、停车操作；（2）能进行离心泵的选用及安装；（3）在流体输送过程中能进行流量、液位、压力的测量与控制调节；（4）能够识读、绘制液体物料的输送流程图；（5）能进行液体物料的输送	学习内容：（1）物料输送过程中管路的知识；（2）流体流动的知识；（3）流体流动过程中压力、流量、液位测量原理及设备，掌握测量方法；（4）流体静力学方程、连续性方程、伯努利方程及工程应用。训练内容：（1）离心泵的结构、工作原理、常见事故处理方法及应用；（2）离心泵的拆装；（3）离心泵性能的测定；（4）离心泵的开、停车操作（仿真训练）；（5）原油的输送（以常减压蒸馏装置为载体）	常减压蒸馏装置四位一体实训装置	36	教学方法：任务驱动法；角色扮演法；小组讨论式教学法；演示教学法；讲授法、旋转木马谈话法、引导文、案例法。教学资源：输送机械结构图库；管路构图片库；管件构图片库；生产工具、生产现景、教学素材库；动画素材库；仿真软件	常减压蒸馏实训同；仿真实训中心；四位一体实训中心；机泵实训中心；多媒体教室	本课程考核分为终结性评价和过程性评价。考核成绩＝过程考核成绩×70％＋综合考核成绩×30％，本学习情境占总成绩的30％
气体物料的输送过程的操作	（1）能根据输送任务进行气体物料的输送；（2）能进行压缩机的开、停车操作；（3）在流体输送过程中能进行流量、液位、压力的测量与控制调节；（4）能够正确理解气体输送的操作规程；（5）能够识读、绘制气体物料的输送流程图	学习内容：（1）气体输送机械的结构、工作原理；（2）气体输送过程中常见事故处理方法及工业应用；（3）压缩机组的知识（冷却系统、润滑系统、油路系统）；（4）压缩机的操作安全知识。训练内容：（1）压缩机的操作（仿真操作）；（2）压缩机的拆装；（3）压缩机组的操作分析	催化裂化装置	12	教学方法：任务驱动法；小组讨论式教学法；演示教学法；讲授法、案例法。教学资源：输送机械结构图片库；管、管件生产图片库；企业生产图片库；生产工具、生产现景、教学素材库；动画素材库；仿真软件	锦州石化公司；仿真实训中心；机泵实训中心；多媒体教室	本课程考核分为终结性评价和过程性评价。考核成绩＝过程考核成绩×70％＋综合考核成绩×30％，本学习情境占总成绩的10％

续表

学习情境名称	教学目标	学习与训练内容	教学载体	学时建议	教学方法与教学资源	教学环境说明	考核评价
固体物料的输送过程与操作	（1）了解固体物料的输送方式 （2）掌握气力输送的工作过程 （3）能进行催化裂化装置中催化剂的输送	学习内容： （1）固体输送设备的结构、工作原理 （2）固体物料的输送方式 （3）固体气力输送的知识 （4）固体物料流态化的知识 （5）催化裂化催化剂的知识 （6）气力输送的知识 训练内容： 固体物料的输送（仿真操作）	催化裂化装置	16	教学方法：任务驱动法；演示法；讲授法；案例法 教学资源：输送机械结构图片库；生产工具、生产场景、教学条件图片库、动画素材库	锦州石化公司；仿真实训中心	本课程考核分为终结性评价和过程性评价。考核总成绩＝过程考核成绩×30%＋综合考核成绩×70%，本学习情境总成绩占的10%
物料换热过程与操作	（1）换热设备的工业应用 （2）能根据制定经济合理的换热方案要求选择并 （3）能根据生产任务进行换热操作 （4）能正确分析换热过程中的异常现象并能进行正确处理 （5）能够识读、绘制换热的流程图	学习内容： （1）传热系统构成及各部分的作用 （2）换热器的结构、特点、分类及应用 （3）传热的基本方法、稳定传热的特点及传热基本方程 （4）换热器的选型 （5）换热器的操作安全知识、化工节能和环保知识 训练内容： （1）空气水蒸气的换热（仿真操作） （2）换热器的操作 （3）空气水蒸气换热（常减压蒸馏装置）系统分析 （4）原油蒸馏换热	常减压蒸馏装置；四位一体实训装置	32	教学方法：任务驱动法；角色讨论式教学法；小组讨论式教学法；讲授法；案例法；演示法； 教学资源：企业生产图片库；换热器图素材库；动画素材库；仿真软件	锦州石化公司；四位一体实训中心；仿真实训中心；多媒体教室	本课程考核分为终结性评价和过程性评价。考核总成绩＝过程考核成绩×30%＋综合考核成绩×70%，本学习情境总成绩占的20%
物料加热过程与操作	（1）能够识读、绘制加热炉的流程图 （2）能正确分析物料加热过程中的异常现象并能进行正确处理 （3）能够正确理解加热炉的操作执行加热炉的操作规程 （4）能够根据物料加热要求对加热炉进行加热炉的正确操作	学习内容： （1）加热炉的分类、结构、特点和工作过程 （2）过剩空气系数、燃料发热值、理论空气量的计算，全炉热平衡的计算，全炉热效率等有关加热炉的基本计算 （3）加热炉的开、停车及事故处理方法 （4）加热炉操作安全知识 （5）化工节能环保知识 训练内容： （1）认识管式加热炉 （2）燃料油加热炉的操作 （3）加热炉的仿真操作 （4）常压炉、减压炉的操作分析	常减压蒸馏装置；四位一体实训装置	40	教学方法：任务驱动法；角色讨论式教学法；小组讨论式教学法；讲授法；案例法；演示法； 教学资源：加热炉教材；动画素材；仿真软件；常减压馏装置仿真软件	锦州石化公司；仿真实训中心；多媒体教室	本课程考核分为终结性评价和过程性评价。考核总成绩＝过程考核成绩×30%＋综合考核成绩×70%，本学习情境总成绩占的30%

七、教学基本条件

（一）教学团队基本要求

1. 团队规模

基于每届 2 个教学班的规模，专兼职教师 4 人，其中，专职教师 3 人、兼职教师（企业）1 人。

2. 教师专业背景与能力要求

具有石油化工实际背景，熟悉物料输送与传热相关知识的国家标准，系统掌握物料输送与传热的理论知识和实际操作技能，了解高等职业的教学规律，掌握一定的教学方法和教学艺术。

3. 课程负责人

系统掌握物料输送与传热的理论知识和实际操作技能，熟知高等职业的教学规律，敬业爱岗的"双师素质"教师。

4. "双师"素质教师

"双师"素质教师比例达到 90％以上，能够承担教、学、做一体化教学模式下的教学过程，要通过校企共建方式共建。

（二）教学硬件环境基本要求

本课程采用"教、学、做一体"与"任务驱动，项目导向"化的教学模式。在教学过程中为了很好地实施这一教学模式需要一定的教学硬件环境，具体见表 3-4。

表 3-4　《物料输送与传热》课程教学硬件环境基本要求

序号	名　称	基本配置要求	场地大小/m²	功能说明
1	多媒体教室	55 套桌椅，投影仪，计算机	50	教学、讨论
2	仿真实训室	55 台计算机，3D 软件，仿真软件，一台带计算机的投影仪	160	动画演示，仿真操作
3	四位一体实训中心	流体输送装置，流体换热装置	200	实际操作
4	机泵拆装中心	换热器、泵、压缩机、流体输送系统	200	实际操作

（三）教学资源基本要求

（1）具有行业特色的《物料输送与传热》的教材。

（2）泵、压缩机、加热炉的动画及仿真软件。

（3）物料输送与传热过程的图片库、视频库、生产案例库。

（4）物料输送与传热过程的试题库。

（5）物料输送与传热课程的多媒体网络课程资源。

（6）来自企业的有关规范及标准。

八、其他说明

（一）学生学习基本要求

（1）具备一定的基础化学、化工制图、计算机的知识。

（2）能够积极参与到教学过程中。

（3）具有一定的自学能力。

（二）校企合作要求

（1）化工炼油企业内具有实训基地。

（2）企业人员参与到本课程的教学管理过程中。

（三）实施要求

（1）教学时数可根据具体情况适当增减。

（2）依据物料输送与传热教学设计指导框架，制定本课程的教学实施方案。

（3）建议本课程采用"教、学、做一体"与"任务驱动，项目导向"的教学模式。

《物料分离过程与操作》课程标准

（适用于三年制高职炼油技术专业）

制定人：王　红、于月明、董振坡（企业）

一、制定课程标准的依据

（1）依据炼油技术专业人才培养目标与人才培养规格中对《物料分离过程与操作》课程的要求。

（2）依据炼油企业中与物料分离相关的岗位在运行维护方面所需的知识、能力和职业素质要求。

（3）由中国石油天然气集团公司与中国石化化工集团公司联合制定的燃料油高级生产工国家职业标准。

（4）企业调研。

二、课程的性质与作用

《物料分离过程与操作》课程是炼油技术专业的专业技术课，是以炼油生产中物料分离过程为载体的应用性很强的核心课程。其主要任务是使学生掌握精馏、吸收、沉降、液液萃取的基本原理、基本计算、设备结构等，培养学生物料分离单元设备的操作、调节能力，在炼油技术专业的人才培养过程中，起着由基础到专业的"桥梁"的作用。

三、本课程与其他课程的关系

本课程与其他课程的关系见表 3-5。

表 3-5 《物料分离过程与操作》课程与其他课程关系

序　号	前修课程名称	为本课程提供的主要能力
1	数学应用与计算	逻辑推理能力、计算基本能力
2	计算机基础应用与操作	计算机操作技能
3	化学理论基础及应用	烃类基本化学性质的分析应用能力
4	物料输送与传热	专业配套设备基本操作维护能力
序号	后修课程名称	需要本课程提供的主要能力
1	原油一次加工过程与操作	单元设备操作、调节、维护能力
2	原油二次加工过程与操作	单元设备操作、调节、维护能力

四、课程的教学目标

通过本课程的学习和训练，使学生具备以下的知识、能力和素质。

总体能力目标：熟悉精馏、吸收、液液萃取及沉降的原理、设备及流程，能正确调节设备操作参数使生产过程稳定；能对操作过程的影响因素进行分析；能够预防并处理生产事故。

（一）知识目标

（1）了解精馏塔的分类、各种塔板的特点，熟悉精馏塔的基本流程及其附属设备。

（2）掌握二元汽-液平衡，相对挥发度的基本概念、精馏原理。

（3）掌握连续精馏塔板数求取方法、回流比的选择与确定、塔高与塔径的计算。

（4）理解精馏操作的影响因素。

（5）了解浮阀塔板设计原则。

（6）了解传质的基本方式、双膜理论、速率方程及填料层高度的计算方法。

（7）理解吸收的概念、用途、分类、气膜控制、液膜控制。

（8）掌握相平衡及其应用、有关吸收的物料衡算、操作线方程、最小液气比的计算方法及吸收剂用量的确定。

（9）了解液液萃取设备及其分类。

（10）理解萃取的基本原理和液液相平衡。

（11）掌握溶解度曲线和平衡曲线的绘制方法。

（12）掌握精馏塔的物料平衡、热量平衡的计算。

（13）了解分离过程常见的事故及处理方法。

（14）了解重力沉降及离心沉降基本知识，掌握旋风分离器及油水分离罐的工作原理，掌握油水分离罐主要参数的控制方法，理解影响旋风分离器分离效果的因素。

（二）能力目标

（1）能利用化工手册、工艺图表、网络资源等，获取有用信息。

（2）能看懂有关精馏过程、吸收过程、萃取过程的操作规程。

（3）能对精馏塔、吸收塔、萃取塔进行正常操作和开、停工操作，并能按工艺指标的要求操作，掌握各参数之间互相影响的规律，能根据工艺参数变化调整操作，保证产品质量。

（4）能正确判断和处理精馏过程、吸收过程、萃取过程出现的事故。

（5）能进行塔的物料平衡、热量平衡的计算。

（三）素质目标

（1）在实际操作中，能够遵章守纪、按章操作、爱岗敬业、忠于职守。

（2）在检测产品质量时，能够以事实为依据，诚实守信。

（3）在工作过程中，能认真负责、能与他人沟通合作，共同完成学习任务。

（4）在小组讨论时，能认真倾听别人发言，能够尊重他人，能实事求是、客观公正地评价自己、他人。

（5）能够刻苦学习不断进取，具有可持续发展的潜能。

五、课程的教学内容与建议学时

本课程的教学内容与建议学时见表 3-6。

六、课程教学设计指导框架

本课程教学设计指导框架见表 3-7。

表 3-6　《物料分离过程与操作》课程的教学内容与建议学时

序号	学习情境	子情境	学时	教学形式	备注
1	精馏过程与操作（56学时）	（1）精馏过程与操作导论	8	教、学、做一体化	子情境1：以模块通用知识学习为主； 子情境2：以基本能力训练为主； 子情境3、4：在基础上进行知识、技能、素质的提升； 子情境5：学生独立完成，进一步进行知识能力训练
		（2）乙醇-水混合物的分离	28		
		（3）精馏塔的设计	8		
		（4）催化裂化分馏塔的调节控制	8		
		（5）C_4、C_5、C_6、C_7混合气体的分离	4		
2	吸收过程与操作（32学时）	（1）吸收过程与操作导论	4	教、学、做一体化	子情境1：以模块通用知识学习为主； 子情境2：以基本能力训练为主； 子情境3：在基础上进行知识、技能、素质的提升； 子情境4：学生独立完成，进一步进行知识能力训练
		（2）CO_2-空气混合气体的分离	12		
		（3）催化裂化富气的分离	8		
		（4）C_4与一氧化碳混合气体分离	8		
3	液液萃取过程与操作（24学时）	（1）液液萃取过程与操作导论	8	教、学、做一体化	子情境1：以模块通用知识学习为主； 子情境2：以基本能力训练为主； 子情境3：在基础上进行知识、技能、素质的提升
		（2）煤油中苯甲酸的萃取	8		
		（3）芳烃抽提塔的调节控制	8		
4	沉降过程与操作（8学时）	（1）分馏塔顶回流罐的油水分离	4	教、学、做一体化	以基础知识、基本能力训练为主
		（2）旋风分离器的沉降分离	4		
	合　　计		120		

七、教学基本条件

（一）教学团队基本要求

1．团队规模

基于每届2个教学班的规模，需要专兼职教师5人，其中专职教师2人，企业兼职教师2人，校内实训教师1人；

2．教师专业背景与能力要求

无论专、兼教师都要具有炼油企业工作经历，熟悉与本课程相关的职业要求、岗位规范，具备一定的教学方法和能力；

3．课程负责人要求

来自炼油行业，熟悉高职教育规律、理论扎实、实践经验丰富、具有中级职称以上的"双师"素质教师。

（二）教学硬件环境基本要求

实施《物料分离过程与操作》课程教学，校内外实训硬件环境应具备的条件见表3-8。

（三）教学资源基本要求

（1）课程相关图片资料、动画、课件，及与其配套的特色校本教材；

（2）来自企业的生动直观的生产案例、职业标准、岗位规范、设备操作规程等企业生产软资源；

（3）作为核心课程的教师还要能定期进入生产装置中进行学习，在取得生产实际操作经验同时及时了解行业新知识、新技能。

表 3-7 《物料分离过程与操作》课程教学设计指导框架

学习情境名称	教学目标	学习与训练内容	教学载体	学时建议	教学方法与教学资源	教学环境说明	考核评价
精馏过程与操作	(1)能看懂有关精馏过程的操作规程 (2)能进行塔平衡料平衡、热量平衡的计算 (3)能对精馏塔进行正常操作和开车、停工操作，并能按工艺指标的要求操作，掌握各参数影响的规律，能根据工艺变化调整操作、保证产品质量 (4)能正确的判断和处理精馏过程出现的事故	学习内容： (1)精馏塔的基础流程及其附属设备 (2)精馏塔的基础知识、原理、计算 (3)精馏塔的分类、各种塔板的特点 (4)开车及停车步骤、参数调节、操作的影响因素 (5)常见事故原因及处理方法 训练内容： (1)乙醇-水混合物的分离 (2)精馏塔的设计 (3)催化裂化塔的调节控制 (4)C_4、C_5、C_6、C_7 混合气体的分离	(1)四位一体实训装置 (2)催化裂化精馏塔仿真软件 (3)精馏塔仿真实训软件	56	教学方法：采用讲授法、引导文法、案例教学法等教学方法 教学资源：图片、动画、仿真装置、实训装置、实际生产装置、PPT 课件、电子教材、生产案例等	需要多媒体教室、虚拟仿真实训室、四位一体实训装置、实际生产装置，能够满足学生学习要求的同时一定要保证安全	过程考核与终结考核相结合（其中过程考核占 70%，终结考核占 30%），本情境学习和训练内容在总考核中占 40%
吸收过程与操作	(1)能看懂有关吸收过程的操作规程 (2)掌握各参数之间互相影响的规律，并能按工艺指标的要求操作 (3)能对吸收塔进行正常操作和开车、停工操作，能根据工艺变化调整操作、保证产品质量 (4)能正确的判断和处理吸收过程出现的事故	学习内容： (1)吸收塔的结构和特点、吸收塔的基本流程及其附属设备 (2)传质机理、吸收过程的相平衡关系、吸收原理及相关计算、吸收剂的选择方法 (3)吸收塔的种类、各种填料的特点 (4)开车及停车步骤、参数调节、操作的影响因素 (5)常见事故原因及处理方法 训练内容： (1)CO_2-空气混合气体的分离； (2)催化裂化富气的分离； (3)C_4 与一氧化碳混合气体分离	(1)四位一体实训装置 (2)吸收解吸仿真实训软件 (3)催化裂化吸收解吸装置	32	教学方法：采用讲授法、引导文法、案例教学法等教学方法 教学资源：图片、动画、仿真装置、实训装置、实际生产装置、PPT 课件、电子教材、生产案例等	需要多媒体教室、虚拟仿真实训室、四位一体实训装置、实际生产装置，能够满足学生学习要求的同时一定要保证安全	过程考核与终结考核相结合（其中过程考核占 70%，终结考核占 30%），本情境学习和训练内容在总考核中占 30%

续表

学习情境名称	教学目标	学习与训练内容	教学载体	学时建议	教学方法与教学资源	教学环境说明	考核评价
液液苯取过程与操作	(1)能看懂有关苯取过程的操作规程 (2)掌握各参数之间互相影响的规律，能根据工艺参数变化调整操作、保证产品质量 (3)能进行苯取塔的操作调节和事故处理	学习内容： (1)液液苯取设备种类及其选用 (2)苯取的基本原理和液液相平衡、溶解度曲线和平衡曲线的绘制方法 (3)苯取塔的操作方法和异常事故处理方法 训练内容： (1)煤油中苯甲酸的苯取 (2)芳烃抽提塔的调节控制	(1)苯取实训（仿真）装置 (2)催化重整抽提装置	24	教学方法：采用讲授法、引导文法、案例教学法等教学方法 教学资源：图片、动画、实训装置、仿真生产装置、PPT课件、电子教材、生产案例等	需要多媒体仿真实训室、实际生产装置、能够满足学生学习要求的同时一定要保证安全	过程考核与终结考核相结合（其中过程考核占70%，终结考核占30%，本情境内学习和训练内容在总考核中占20%
沉降过程与操作	(1)能找到影响旋风分离器分离效果的原因 (2)能使油水分离设备平稳运行	学习内容： (1)重力沉降及离心沉降基本知识 (2)油水分离工作原理、主要参数的控制方法 (3)旋风分离器结构、工作原理及影响分离效果的因素 训练内容： (1)旋风分离器的沉降分离 (2)塔顶回流罐的油水分离	(1)塔顶回流罐 (2)催化裂化旋风分离器软件操作及旋风分离器实际生产设备	8	教学方法：采用讲授法、引导文法、案例教学法等教学方法 教学资源：图片、动画、实训装置、仿真生产装置、PPT课件、电子教材、生产案例等	需要多媒体仿真实训室、实际生产装置、能够满足学生学习要求的同时一定要保证安全	过程考核与终结考核相结合（其中过程考核占70%，终结考核占30%，本情境内学习和训练内容在总考核中占10%

表 3-8 《物料分离过程与操作》课程教学硬件环境基本要求

序号	名　　称	基本配置要求	场地大小/m²	功能说明
1	虚拟实训室	电脑及仿真软件	160	训练学生仿真操作能力、资料收集及自主学习能力
2	实训装置	精馏、吸收	400	让学生认识设备，训练实际操作能力
3	多媒体教室	投影、黑板等	80	教师讲解及答疑解惑
4	锦州石化公司蒸馏、催化裂化、催化重整车间	具有精馏、吸收、液液萃取塔设备的生产车间；具有汽液分离罐及旋风分离器的生产装置		能够让学生进入装置现场学习
5	劳动保护用具	安全帽、手套、工作服等		学生现场操作使用

八、其他说明

（一）学生学习基本要求

（1）要求学生具有一定的理解能力、与人沟通能力；

（2）要求学生具有一定的逻辑推理能力、基本计算能力、计算机使用能力、专业配套设备基本操作及维护能力；

（3）要求学生具有一定的自学能力。

（二）校企合作要求

本课程依托炼油行业，与锦州石化公司各生产车间合作，希望企业能提供以下帮助：

（1）将锦州石化公司各生产车间作为课程的校外实训基地；

（2）聘请车间技术人员作为兼职教师参与课程建设及教学；

（3）教学过程中引用企业生产案例，参考企业的工作流程、职业标准、岗位规范等软资源，还要将企业文化及先进的技术理念引入课堂，希望企业能够予以配合。

（三）实施说明

《物料分离过程与操作》课程还要在教学设计指导框架的基础上进行具体的课程设计，进一步细化明确载体、工作任务。

在课程实施过程中以学生为主体，采用"教、学、做"一体化的教学模式，完成每个工作任务都要经过"资讯—计划—学习—实施—检查—评估"六步骤。其中工作任务由教师精心设计以任务单的形式下发给学生，学生据此去资讯收集相关资料，做出完成任务的计划，然后按计划去实施，在这期间涉及新知识的学习、计划的修改讨论等环节，都由学生自主完成，教师从中起辅导作用。检查、评估、知识归纳等环节由师生共同完成。

《原油一次加工过程与操作》课程标准

（适用于三年制高职炼油技术专业）

制定人：李玉环　　　　　审核人：于月明

一、制定课程标准的依据

（1）炼油技术专业人才培养方案要求。

（2）常减压蒸馏装置操作工国家职业技能鉴定标准。

（3）常减压装置岗位能力分析表（通过调研整理的结果）。

二、课程的性质与作用

《原油一次加工过程与操作》是炼油技术专业技术课，在专业课程体系中起着重要的作用，是对前期课程的综合运用，理论与实践融为一体，突出对学生动手操作能力的培养和训练，同时为后续《原油的二次加工过程与操作》、顶岗实践奠定基础。

三、本课程与其他课程的关系

本课程与其他课程的关系见表3-9。

表 3-9 《原油一次加工过程与操作》课程与其他课程的关系

序号	前期课程名称	为本课程支撑的主要能力
1	化学理论基础及应用	提供化学知识
2	工艺流程图识图与绘制	识图、绘图能力
3	物料输送与传热	化工单元操作与控制、设备使用与维护
4	物料分离过程与操作	化工单元操作与控制、设备使用与维护
序号	后续课程名称	需要本课程支撑的主要能力
1	原油二次加工过程与操作	理论联系实际、分析问题解决问题能力
2	典型化工装置生产过程与操作	理论联系实际、分析问题解决问题能力
3	顶岗实习	理论联系实际、分析问题解决问题能力

四、课程的教学目标

通过本课程的学习和对所设情境的实施，使学生能完整描述常减压装置的生产过程；能对装置进行正确操作，确保装置正常生产；能对本岗位操作参数进行控制，提高产品质量；能预判生产事故，实现安全生产；能简单提出节能和环境保护的建议。

（一）知识目标

（1）了解国内外重点（典型）油田原油的化学组成和性质，了解并理解国内外炼油技术的部分成果和最新进展。

（2）掌握原油的分类方法和我国主要油田的加工方案并进行比较。

（3）熟悉并掌握石油及产品的物理性质。

（4）掌握石油产品的应用和规格指标。

（5）掌握原油进行预处理的目的，电脱盐工艺。

（6）掌握蒸馏过程的基本原理、工艺流程、操作条件。

（7）掌握主要工艺设备的结构、作用及各主要部件的作用、特点和性能。

（8）掌握蒸馏设备腐蚀的原理及防腐措施。

（9）了解换热流程的优化，掌握加热炉提高热效率的方法。

（10）了解石油产品电化学精制工艺及相应的操作条件。

（11）了解装置安全用电和防火、防爆、防毒、防静电的措施和方法。

（二）能力目标

（1）能读懂装置流程图，领会装置操作规程，看懂装置质量分析报告。

（2）能学会装置操作要领，并能按工艺指标的要求进行操作。

（3）能对生产过程操作因素进行分析，利用仿真软件进行正常操作及开、停车操作。

（4）能分析影响生产各要素，对生产事故进行简单预判，出现事故能做适当处理。

（5）能正确使用仪表控制系统，利用仿真软件进行参数整定。

（6）能模仿实际操作按要求填写操作记录和交接班日记，语言、文字表达清楚、准确。

（7）能对装置工艺、设备及能耗提出建设性意见。

（三）素质目标

（1）在工作任务实施过程中，培养学生的自学能力和自我管理能力，培养学生从多种渠道获取信息的能力。

（2）通过三级安全教育和六大禁令学习，正确使用劳动保护用品，在现场发生伤害事故时能进行自救和互救，体现安全意识。

（3）在执行工艺指标控制产品质量时，实事求是，不弄虚作假，培养学生注重细节，体现诚信意识和严谨的科学态度。

五、课程的教学内容与建议学时

本课程的教学内容与建议学时见表 3-10。

表 3-10　《原油一次加工过程与操作》课程的教学内容与建议学时

序号	学习情境	子情境	学时	教学形式
1	情境 1：认识原油一次加工过程的原料及原油加工方案	学习情境 1-1：认识原油一次加工的原料 学习情境 1-2：原油及产品的物理性质分析 学习情境 1-3：认识原油加工方案	16	"教、学、做"一体化
2	情境 2：原油一次加工过程与操作	学习情境 2-1：原油预处理 学习情境 2-2：认识原油一次加工工艺流程 ……	80	"教、学、做"一体化
3	情境 3：认识原油一次加工装置产品及产品精制	学习情境 3-1：原油一次加工过程的产品使用要求分析 学习情境 3-2：原油一次加工装置产品的精制	24	"教、学、做"一体化
4	情境 4：原油一次加工装置节能	学习情境 4-1：原油一次加工过程与操作装置节能	8	"教、学、做"一体化
合计			128	

六、课程教学设计指导框架

本课程教学设计指导框架见表 3-11。

七、教学基本条件

（一）教学团队基本要求

1. 教学团队规模

每届 2 个教学班，专兼职教师 4 人，专职教师 2 人，兼职 2 人。

2. 课程负责人

熟悉原油一次加工过程与操作技术和高职教学规律、有企业工作经历，掌握教学方法与教学艺术。

表 3-11 《原油一次加工过程与操作》课程教学设计指导框架

学习情境名称	教学目标	学习与训练内容	教学载体	学时建议	教学方法与教学资源	教学环境说明	考核评价
认识原油一次加工过程及原料及原油的加工方案	(1) 能根据国内外重点（典型）油田原油的化学组成和性质等特点，对炼油工业的新技术及其发展情况进行描述 (2) 能根据原油组成进行分类，对我国主要油田原油的加工方案进行比较	学习内容： (1) 了解石油工业的发展状况 (2) 掌握原油的组成，了解国内外原油的特点 (3) 原油的分类方法 (4) 原油的评价内容 训练项目： (1) 查找典型国内外原油的特点，加工方法，进行分析 (2) 描述加工方案	原油、石油产品	16	教学方法：案例分析法，分组讨论法 教学资源：多媒体教室，图片等、常减压蒸馏操作工国家职业标准	多媒体教室	过程考核与终结考核相结合，过程考核占70%，终结考核占30%，本情境占总成绩的20%
原油一次加工过程与操作	(1) 具有蒸馏过程的基本知识，能对原油精馏和普通精馏进行比较 (2) 能描述石油精馏的特殊性和塔的工艺特点 (3) 能对蒸馏装置的腐蚀情况进行分析，描述防腐措施 (4) 能进行分析布局 (5) 能对初馏塔正确操作 (6) 能正确操作常压炉和常压塔 (7) 能描述减压蒸馏塔的特点 (8) 能对减压系统相关设备进行操作 (9) 能对常减压装置冷换循环操作 (10) 能对常减压塔液面变化趋势调节三塔液面 (11) 能根据实际绘制常减压装置查找流程 (12) 能按实际流程绘制常减压流程	学习内容： (1) 掌握原油预处理过程 (2) 掌握常压塔、减压塔的特点 (3) 掌握初馏塔的操作参数的控制 (4) 掌握常压塔操作参数的操作参数控制 (5) 掌握石油减压蒸馏的特点，塔的工艺特点 (6) 认读工艺流程 (7) 掌握装置的闭路循环操作 (8) 掌握装置的开路循环操作 (9) 掌握各塔操作参数的调节方法和减压塔的操作 (10) 原油一次加工过程的腐蚀防腐 (11) 原油一次加工过程与操作的开、停车操作 训练内容： (1) 对照实际实物查找流程 (2) 常压系统的操作 (3) 减压系统的操作 (4) 查找流程绘制流程	常减压装置虚拟，实物工厂，常减压装置实际装置	80	教学方法：案例分析法，分组讨论法等多种方法 教学资源：仿真软件，多媒体教室，图片等、常减压蒸馏操作工国家职业标准	多媒体教室，常减压工厂实物仿真工厂，常减压工虚拟仿真工厂	过程考核与终结考核相结合，过程考核占70%，终结考核占30%，本情境占总成绩的50%

续表

学习情境名称	教学目标	学习与训练内容	教学载体	学时建议	教学方法与教学资源	教学环境说明	考核评价
认识原油一次加工装置产品及产品精制	（1）能描述石油及产品的物理性质 （2）能按要求对常减压产品进行精制 （3）能对产品流程过程进行描述	学习内容： （1）理解石油及产品物理性能指标 （2）掌握燃料油的使用要求 （3）掌握产品的精制原理 （4）掌握精制流程 训练内容： （1）石油产品的性能指标分析 （2）绘制电精制流程 （3）现场教学	常减压装置电精制部分	24	教学方法：练习法、讨论法 教学资源：常减压操作规程、常减压实物工厂	多媒体教室、常减压虚拟工厂、常减压实物工厂	过程考核与终结考核相结合，过程考核占70%，终结考核占30%，本情境占总成绩的20%
原油一次加工装置节能	（1）具有传热基本知识，能正确分析影响传热的因素 （2）具有换热器类型及结构知识 （3）能对装置的能耗情况进行初步的分析	学习内容： （1）掌握换热流程 （2）掌握换热方案的确定原则 （3）掌握常减压装置节能方法 训练内容： （1）绘制换热流程 （2）讨论换热方案 （3）讨论节能的途径	常减压虚拟、实物工厂、常减压实际装置	8	教学方法：案例分析法、分组讨论法 教学资源：仿真软件、多媒体教室、图片、视频资料等	多媒体教室、实物仿真工厂、常减压虚拟工厂	过程考核与终结考核相结合，过程考核占70%，终结考核占30%，本情境占总成绩的10%
合计				128			

3. 对专职教师的要求

专职教师要定期到企业进行学习，学习新技术、新工艺，同时也要学习高职教育的新理念、学习其他学院的先进经验，提高自身素质，提高教学水平。

（二）教学硬件环境基本要求

为满足《原油一次加工过程与操作》课程实施需要，教学硬件环境基本要求见表 3-12。

表 3-12 《原油一次加工过程与操作》课程教学硬件环境基本要求

序号	名　称	基本配置要求	场地大小/m²	功能说明
1	仿真虚拟工厂	配套炼油仿真软件	150	60 台计算机
2	实物仿真工厂	常减压实物工厂	150	
3	多媒体教室	投影设备一套、配套桌椅		具备多媒体教学功能，为教学过程的实施创造条件
4	油品分析实训室	能满足课程要求的油品分析仪器	150	具备多媒体教学功能，为教学过程的实施创造条件

（三）教学资源基本要求

（1）多媒体教室。

（2）能满足课程实施要求的油品分析实训室。

（3）常减压装置技能大赛软件（2008 版）。

（4）学院应提供与课程有关的参考资料、书籍等。

（5）能进行网络学习。

八、其他说明

（一）学生学习基本要求

（1）具备逻辑推理能力，分析问题能力。

（2）具备一定的自学能力。

（3）具备计算机基本操作能力。

（二）校企合作要求

（1）聘请企业人员 2 人参与课程的建设和实施，教学过程中使用企业的案例，将企业的岗位规范和企业文化融入到教学中，为培养"准石化人"做好准备。

（2）有针对性地到企业对有关装置进行认识实习。

（三）实施要求

（1）教学条件能满足课程实施的需要（包括投影仪、电脑能正常使用）。

（2）能为学生提供网上查找资料的条件。

（3）虚拟常减压仿真工厂和实物仿真工厂能正常操作，保证教学工作的顺利进行。

《石油产品分析与检测》课程标准

（适用于三年制高职炼油技术专业）

制定人：周军　　　　　审核人：刘淑娟

一、制定课程标准的依据

（1）炼油技术专业人才培养目标和人才培养规格的要求。

（2）分析工职业资格标准。

（3）石化行业分析工的岗位规范。

二、课程的性质与作用

《石油产品分析与检测》是炼油技术专业一门重要的专业技术课程。通过本课程的学习，使学生了解石油产品分析检验实际工作环境，能依据操作规程内容，设计分析检测方案并正确实施；能正确并熟练操作油品分析检测仪器和设备进行油品的理化性质及使用性能的测定；能运用所学知识解决实际问题。并培养学生实事求是、一丝不苟的科学态度和自主学习的兴趣。为本专业学生学习专业后续课程、部分学生参加分析工技能鉴定考证及参加实际工作打下扎实的基础。

三、本课程与其他课程的关系

本课程与其他课程的关系见表 3-13。

表 3-13 《石油产品分析与检测》课程与其他课程的关系

序号	前期课程名称	为本门课程支撑的主要知识和能力
1	数学应用与计算	逻辑推理能力、计算基本能力
2	化学理论基础及应用	计算能力、分析检测的基础知识
序号	后续课程名称	需要本课程支撑的主要能力
1	原油一次加工过程与操作	石油产品理化性质及使用性能的基本操作技能

四、课程的教学目标

通过对《石油产品分析与检测》课程的学习，使学生了解分析检验工作，能对石油产品进行定量分析检测，能对石油产品及原材料的理化性质及使用性能进行测定，具备从事定量分析所必备的素质、知识与技能，具备提出和解决问题的能力，逐步培养学生科学思维方法、实事求是的科学作风和创新能力，为后续的专业职业能力培养打下扎实基础。

（一）知识目标

（1）了解分析检测工作环境及要求，了解实验室安全环保常识，了解分析检测工作的基本程序。

（2）了解采样的原则、方法。

（3）掌握标准溶液的配制和标定及相关计算。

（4）掌握有效数字的修约规则和运算规则，掌握异常数据的检验与取舍的方法，掌握提高分析结果准确度的基本措施。

（5）了解比色分析法及分光光度法的概念及应用，掌握朗伯-比耳定律的应用，了解吸光度的测量条件的选择，掌握吸光度的计算。

（6）掌握气相色谱分析法的分析流程及气相色谱法的理论基础，掌握气相色谱的固定相及其选择原则。

（7）掌握石油产品基本理化性质的概念，了解油品组成对基本理化性质的影响，掌握石油产品基本理化性质（密度、黏度、闪点、燃点）的测定方法及测定意义。

（8）掌握油品使用性能各评价指标的基本概念，掌握石油产品蒸发性能的测定、低温流动性能的测定、含硫量和腐蚀性能的测定、油品中杂质的测定方法和仪器使用方法及其计算方法。

(9) 了解石油产品标准和试验方法标准。

(10) 掌握正确填写分析记录和报告的方法。

（二）能力目标

(1) 能够查阅有关资料设计分析检测方案。

(2) 能正确操作容量瓶（固体样品的溶解转移和定容、液体样品的稀释定容）、滴定管（润洗、装液、排气泡、调零和读数）、移液管和吸量管（润洗、移取、调整液面、放出溶液）、分液漏斗（分离混合液），能按照操作规程配制与标定标准溶液。

(3) 能正确操作电子天平、分光光度计、气相色谱仪、干燥箱。

(4) 能准确采集分析样品。

(5) 能规范记录分析检测数据，能正确填写检测报告和进行数据处理，能正确评价检测结果，具备分析误差产生的原因并减免误差的能力。

(6) 能熟练使用分析仪器设备进行油品密度、闪点、黏度的测定及油品蒸发性能的测定、低温流动性能的测定、含硫量和腐蚀性能的测定、安定性的测定、油品中杂质的测定及其性能的测定并能依据测定数据判定油品质量。

(7) 能及时发现分析检测过程中出现的各种问题，并能对问题进行独立判断，提出合理的解决方案。

(8) 能运用学过的理论知识及操作技能与生产实际相结合。

（三）素质目标

(1) 具有主动参与、积极进取、探究科学的学习态度和思想意识。

(2) 具有理论联系实际，实事求是、一丝不苟的科学态度。

(3) 具备安全、节约、环保意识和规范操作意识。

(4) 培养良好的职业道德和正确的思维方式。

(5) 培养学生与人沟通、交往的职业能力和良好的团队合作精神与竞争意识。

(6) 培养学生归纳、总结、创新意识和解决实际问题的能力。

(7) 培养学生诚实守信、好学、爱岗敬业的思想素质。

五、课程的教学内容与建议学时

本课程的教学内容与建议学时见表 3-14。

表 3-14 《石油产品分析与检测》课程的教学内容与建议学时

序号	学 习 情 境	子 情 境	学时数	教学形式
1	石油产品分析与检测概述	1-1 编写分析室安全手册 1-2 石油产品样品的采取	4	教、学、做一体化
2	石油产品试验用试剂溶液的配制	2-1 容量瓶、移液管、滴定管、电子天平的使用与操作 2-2 标准溶液的配制与标定	10	
3	航煤中的铜含量的测定	3-1 分光光度计的使用与操作 3-2 航煤中的铜含量的测定	6	
4	异丙醇纯度测定	4-1 气相色谱仪的使用与操作 4-2 异丙醇纯度测定	4	
5	石油产品中水分的测定		4	

续表

序号	学习情境	子　情　境	学时数	教学形式
6	油品基本理化性质的测定	6-1 石油及液体石油产品密度的测定 6-2 石油产品闪点的测定 6-3 石油产品黏度的测定	10	教、学、做一体化
7	油品蒸发性能的测定	7-1 油品馏程的测定 7-2 油品饱和蒸气压的测定	6	
8	液体石油产品低温使用性能的测定	8-1 柴油凝点的测定 8-2 柴油冷滤点的测定	8	
9	汽油实际胶质的测定		4	
10	液体石油产品腐蚀性能的测定	10-1 石油产品中水溶性酸及碱的测定 10-2 航煤酸值的测定 10-3 铜片腐蚀试验	8	
	总计		64	

六、课程教学设计指导框架

本课程教学设计指导框架见表 3-15。

七、教学基本条件

（一）教学团队基本要求

1. 团队规模

基于每届 2 个教学班的规模，专兼职教师 4 人左右，职称和年龄结构合理，互补性强。具备"双师"素质，由骨干教师、行业企业专家构成课程开发团队，并参与实践教学任务。

2. 教师专业背景与能力要求

任课教师应掌握课程教学目标；具有较强的理论联系实际能力；具有贯彻相关国家或行业标准的能力；具有较强的仪器使用与维护能力；应经过现场实习、调研和行动导向教学培训。具有一定的分析检验实际背景，系统掌握分析检验的知识，掌握一定的教学方法与艺术。

3. 课程负责人

熟悉分析检验技术和高职教育规律，实践经验丰富，教学效果好，"双师"型教师。

（二）教学硬件环境基本要求

实施《石油产品分析与检测》课程教学，校内实验实训硬件环境基本要求见表 3-16。

（三）教学资源基本要求

（1）基本的《石油产品分析与检测》多媒体网络课程资源。

（2）教学用国家标准、教学参考书、有关专业图书与期刊等图书资源。

（3）来自企业合作伙伴提供的企业生产与管理规范、岗位操作规程、生产案例等资料。

（4）符合企业实际油品分析检测岗位的突出工作过程和职业教育特色的工学结合特色教材和与之匹配的习题库以满足教学需要。

（5）中石油《化工分析工》、中石油《油品分析工》、国家《化学检验工》技能鉴定习题库，满足炼油技术专业部分学生职业资格证书考证需要。

（6）真实地展示分析项目的测定过程、分析仪器操作方法、企业真实工作案例的视频资料，使学生能够直观学习仪器使用操作过程。

表 3-15 《石油产品分析与检测》课程教学设计指导框架

学习情境名称	教学目标	学习与训练内容	教学载体	学时建议	教学方法与教学资源	教学环境说明	考核评价
石油产品分析与检测概述	（1）了解分析检测工作环境及要求，营造整齐有序的分析检验工作环境，学习实验室安全环保知识 （2）熟悉分析检测工作一般程序 （3）掌握产生误差的原因及其减免方法 （4）掌握分析数据的处理方法 （5）掌握有效数字的运算方法 （6）熟悉石油产品标准和试验方法及原理 （7）熟悉石油产品样品的采样方法及原则 （8）熟悉常用的采样工具	学习内容： （1）实验室安全知识 （2）分析检测工作程序 （3）误差和减免误差的方法，准确度和精密度在分析结果处理中的表达方法 （4）分析数据的处理 （5）有效数字的意义、表达方法和运算规则 （6）石油产品标准和试验方法标准 （7）石油产品的采样标准及原则 （8）常用的采样工具 训练项目： （1）认识主要分析仪器 （2）采样器具的使用	油品、分析室、样品	6	教学方法：讲授法；引导文法；案例教学法 教学资源：多媒体视频资料；图片；实物分析案例；教材		（1）过程考核相结合 （2）过程考核评定；查阅文献设计方案能力 30%＋基本操作能力 30%＋报告与平时表现 10%
石油产品试剂用标准溶液配制	（1）掌握基准物质、标准溶液的概念 （2）掌握标准溶液的配制和标定 （3）掌握容量分析仪器（容量瓶、移液管、滴定管、电子天平）的操作方法 （4）能应用滴定分析标定标准溶液 （5）能正确填写试验报告单	学习内容： （1）基准物质、标准溶液的概念，标准溶液的配制和标定 （2）容量分析仪器（容量瓶、移液管、电子天平）的操作方法 （3）利用滴定分析标定标准溶液 （4）试验报告单的填写 训练项目： （1）容量瓶、移液管、滴定管、电子天平的使用与操作 （2）$KOH-C_3H_7OH$ 标准溶液的配制与标定 （3）分析报告单的填写	分析仪器；标准溶液；报告单	12	教学方法：讲授法；任务法；设计法 教学资源：分析实训室；多媒体视频资料；仪器；实物；分析案例；教材	分析实训室；多媒体教室	（1）过程考核相结合 （2）过程考核评定；查阅文献设计方案能力 30%＋基本操作能力 30%＋报告与平时表现 10%
航煤中的铜含量的测定	（1）掌握萃取的原理 （2）能使用分液漏斗进行液体混合物的分离 （3）掌握吸光光度法的基本原理、基础知识 （4）能正确使用分光光度计测定物质含量	学习内容： （1）萃取的原理 （2）分液漏斗进行液体混合物的分离方法 （3）吸光光度法的基本原理、基础知识 （4）分光光度计的使用与操作 训练项目： （1）分液漏斗的使用与操作 （2）航煤中的铜含量的测定	分光光度计；分液漏斗	6	教学方法：演示法；任务法；讲授法 教学资源：多媒体视频；教材；实物；录像资料；分光光度计；分析仪器设备		（1）过程考核相结合 （2）过程考核评定；查阅文献设计方案能力 30%＋基本操作能力 30%＋报告与平时表现 10%

续表

学习情境名称	教学目标	学习与训练内容	教学载体	学时建议	教学方法与教学资源	教学环境说明	考核评价
异丙醇纯度测定	（1）了解异丙醇的性质、用途（2）了解色谱分析法的基本原理、基础知识（3）能使用气相色谱测定物质含量	学习内容：（1）异丙醇的性质、用途（2）色谱分析法的基本原理、基础知识（3）气相色谱仪的使用方法训练项目：（1）气相色谱仪的使用与操作（2）异丙醇纯度测定	气相色谱仪	4	教学方法：演示法；任务设计法；讲授法；案例教学资源：教材；实际案例录像资料；仪器案例图片；分析仪器设备		（1）过程考核与终结考核相结合（2）过程考评设计方案；查阅文献30%＋基本操作能力30%＋报告单30%＋平时表现10%
石油产品中水分的测定	（1）了解油品中水分的来源及存在状态（2）掌握油品中水分的测定意义及方法（3）石油（4）能测定柴油中的水分	学习内容：（1）油品中水分的来源及存在状态（2）油品中水分的测定意义及方法训练项目：柴油中的水分测定	柴油中的水分	4	教学方法：演示法；任务设计法；讲授法；案例教学资源：教材；实际案例录像资料；仪器案例图片；分析仪器设备		（1）过程考核与终结考核相结合（2）过程考评设计方案；查阅文献30%＋基本操作能力30%＋报告单30%＋平时表现10%
油品基本理化性质的测定	（1）掌握石油产品基本理化性质的概念（2）掌握石油产品基本理化性质的测定方法及测定意义（3）石油产品密度及测定方法（4）能使用密度计测定油品密度（5）能测定油品的开口闪点和闭口闪点（6）能使用运动黏度测定仪测定油品的运动黏度和恩氏黏度	学习内容：（1）石油产品基本理化性质的概念（2）石油产品基本理化性质的表示方法（3）石油产品密度的表示方法（4）密度计的使用方法（5）开口闪点、闭口闪点测定仪的操作方法（6）运动黏度的操作方法训练项目：（1）认识密度计，开口（闭口）闪点测定器，运动黏度测定仪（2）液体石油产品密度的测定（3）柴油闪点的测定（4）煤油运动黏度的测定	密度计；闪点测定仪；黏度测定仪	10	教学方法：演示法；任务设计法；讲授法；案例教学资源：教材；实际案例录像资料；仪器案例图片；分析仪器设备	分析实训室；多媒体教室	（1）过程考核与终结考核相结合（2）过程考评设计方案；查阅文献30%＋基本操作能力30%＋报告单30%＋平时表现10%

续表

学习情境名称	教学目标	学习与训练内容	教学载体	学时建议	教学方法与教学资源	教学环境说明	考核评价
油品蒸发性能的测定	(1)掌握油品蒸发性能的评定指标的概念 (2)掌握各评定指标的测定意义 (3)能使用馏程测定器测定油品馏程 (4)能使用雷德法蒸气压测定器测定油品蒸气压	学习内容: (1)油品蒸发性的评定指标的概念 (2)各评定指标的测定意义 训练项目: (1)车用汽油馏程测定 (2)汽油雷德法蒸气压的测定	恩氏馏程测定器;雷德式蒸气压测定器	4	教学方法:讲授法;案例教学法;任务驱动法 教学资源:教材;实际案例录像图片 分析案例仪器图片		(1)过程考核与终结考核相结合 (2)过程考核评定:查阅文献设计方案设计30%+基本操作能力30%+报告单10%+平时表现30%
液体石油产品低温使用性能的测定	(1)掌握油品低温流动性能的评定指标及测定意义 (2)能测定柴油凝点 (3)能测定柴油冷滤点	学习内容: (1)油品低温流动性能的评定指标及测定意义 (2)凝点测定仪的使用与操作方法 (3)冷滤点测定仪的使用方法 训练项目: (1)认识凝点、冷滤点测定仪器设备 (2)柴油凝点的测定 (3)柴油冷滤点的测定	凝点测定仪;冷滤点测定仪	8	教学方法:讲授法;案例教学法;任务驱动法 教学资源:教材;实际案例录像图片 分析案例仪器图片	分析实训室;多媒体教室	(1)过程考核与终结考核相结合 (2)过程考核评定:查阅文献设计方案设计30%+基本操作能力30%+报告单10%+平时表现30%
汽油实际胶质的测定	(1)掌握油品安定性的评定方法 (2)了解导致油品不安定性倾向的原因 (3)掌握油品安定性的测定意义 (4)能测定汽油的实际胶质	学习内容: (1)油品安定性的评定方法 (2)导致油品不安定性的测定倾向的原因 (3)油品安定性的测定意义 (4)汽油实际胶质的测定方法 训练项目: (1)认识实际胶质测定仪器设备 (2)汽油实际胶质的测定	实际胶质	6	教学方法:讲授法;案例教学法;任务驱动法 教学资源:教材;实际案例录像资料; 分析案例仪器图片		(1)过程考核与终结考核相结合 (2)过程考核评定:查阅文献设计方案设计30%+基本操作能力30%+报告单10%+平时表现30%
液体石油产品腐蚀性能的测定	(1)掌握油品含硫量和腐蚀性能的测定意义及测定方法 (2)掌握油品酸度、酸值的测定 (3)掌握金属腐蚀的测定意义及方法 (4)能测定油品中水溶性酸碱	学习内容: (1)油品含硫量和腐蚀性的概念及测定 (2)油品酸度,酸值的概念及测定方法 (3)金属腐蚀的测定意义及测定方法 (4)油品中水溶性酸碱的测定意义及方法 训练项目: (1)汽油中水溶性酸碱的测定 (2)航空煤油酸值的测定 (3)铜片腐蚀试验	水溶性酸碱;航空煤油;铜片	8	教学方法:讲授法;案例教学法;任务驱动法 教学资源:教材;实际案例录像资料; 分析案例仪器图片		(1)过程考核与终结考核相结合 (2)过程考核评定:查阅文献设计方案设计30%+基本操作能力30%+报告单10%+平时表现30%

表 3-16 《石油产品分析与检测》课程教学硬件环境基本要求

序号	名称	基本配置要求		场地大小/m²	功能说明
1	分析实训室	化学实验技术实训室	网络环境；投影设备 1 套；电脑 1 台；展板 1 个；滴定分析仪器及常用玻璃仪器 50 套；烘箱 2 个；高温炉 2 个	150	具备一体化教室功能，为《石油产品分析与检测》等课程教学、实训提供条件
		油品分析实训室	投影设备 1 套；电脑 1 台；油品分析所需仪器设备各 10 套；通风橱 2 个	网络环境 150	
2	分析天平室	分析天平 10 台		30	实训使用
3	实训准备室	电子天平 1 台；分层货架若干		40	存放化学试剂；准备实训用品

（7）典型分析仪器、检验的产品、实验室工作环境等图片。

（8）开放式分析实训室，分为三个层次，即基本技能训练、专题实验项目、创新实验。

八、其他说明

（一）学生学习基本要求

（1）具备无机化学和有机化学基础知识及应用能力。

（2）了解石油产品分析与检测的应用领域。

（3）了解滴定分析的基本知识。

（4）了解误差的基本知识。

（5）具有自主学习、团结合作、沟通能力。

（6）具备安全意识、风险识别自我保护能力。

（7）具有计算机应用能力。

（二）校企合作要求

依托炼油行业，与锦州石化公司质检部合作，建设校内油品分析实训室。聘请企业技术骨干作为专业顾问和兼职教师，参与课程建设与教学；专业教师定期顶岗实习，不断提升自身素质，要将企业的分析工作操作规程和岗位规范、先进的企业文化引入教学中。

（三）实施说明

《石油产品分析与检测》课程还要在教学设计指导框架的基础上进行具体的课程设计，进一步细化明确载体、工作任务。

要采取全程考核方式，提倡有痕迹的学习。注重学生素质的全面发展。在教学过程中，将企业实际工作任务引入课程，行动导向法组织教学，给学生营造出一种真实的环境，使学生在完成"工作"的过程中能真正提高分析检验操作能力，数据处理能力及分析问题、解决问题的能力。在课程实施过程中以学生为主体，采用"教、学、做"一体化的教学模式，完成每个工作任务都要经过"资讯—计划—学习—实施—检查—评估"六步骤。其中工作任务由教师精心设计以任务单的形式下发给学生，学生据此去资讯收集相关资料，做出完成任务的计划，然后按计划去实施，在这期间涉及新知识的学习、计划的修改讨论等环节，都由学生自主完成，教师从中起辅导作用。检查、评估、知识归纳等环节由师生共同完成。

《炼化生产过程的检测与控制》课程标准

（适用于三年制高职炼油技术专业）

制定人：孙艳萍　　　　　　审核人：高金文

一、制定课程标准的依据

（1）炼油技术专业人才培养目标与人才培养规格中对《炼化生产过程的检测与控制》课程的要求。

（2）常减压生产过程中与炼化生产过程的检测与控制相关的岗位所需的知识、能力和职业素质要求。

二、课程的性质与作用

《炼化生产过程的检测与控制》课程是炼油技术专业的专业技术课。其主要任务是使学生掌握生产过程中压力、流量、物位、温度等参数的检测与控制的基本原理以及控制系统与控制设备的结构、使用、维护及 DCS 的操作等。

三、本课程与其他课程的关系

本课程与其他课程的关系见表 3-17。

表 3-17 《炼化生产过程的检测与控制》课程与其他课程关系

序号	前修课程名称	为本课程提供的主要能力
1	数学应用与计算	逻辑推理能力、计算基本能力
2	计算机基础应用与操作	计算机操作技能
3	工艺流程图识读与绘制	基本识图、绘图能力
序号	后修课程名称	为后续课程提供的主要能力
1	原油一、二次加工过程与操作	单元设备操作、调节、使用能力
2	顶岗实践	单元设备操作、调节、使用能力

四、课程的教学目标

通过本课程的学习和训练，使学生具备以下的知识、能力和素质。

总体能力目标：培养学生具有良好的职业道德、使之成为生产一线需要，能进行检测仪表使用、维护及 DCS 的操作工作，并完成对生产过程的检测及控制。

（一）知识目标

（1）掌握检测仪表的测量误差及品质指标。

（2）掌握典型检测仪表的基本工作原理。

（3）掌握自动控制系统与控制设备的组成。

（4）掌握检测仪表及 DCS 操作系统的结构及组成。

（5）了解检测仪表日常维护及定期保养的工作流程。

（6）了解石化企业管理、生产质量管理、节能减排、安全环保等方面的基本知识。

（二）能力目标

（1）能够根据现场工艺要求选取过程检测仪表，并且确定仪表的各种技术指标。

（2）能够按照国家标准要求进行自动检测系统控制系统的操作。

（3）能够通过 DCS 正确判断常用检测仪表的常见故障，分析故障产生的原因，提出解决方案，并且能够按方案选择使用的工具及仪表实施维修。

（4）能够阅读本检测仪表的中文及英文使用说明书。

（5）能与现场其他专业的工程技术人员和工人协调解决一般生产难题，能够处理一般紧急事故。

（三）素质目标

（1）在操作过程中，穿工作服、戴安全帽、正确使用工具，使学生具有安全意识。

（2）小组成员在工作过程中，分工合作明确，共同解决问题。

（3）能实事求是、客观公正地评价自己、他人，具有公平、公正意识。

（4）在小组讨论时，能认真倾听别人发言，体现出尊重他人、文明礼貌的素质。

五、课程的教学内容与建议学时

本课程的教学内容与建议学时见表 3-18。

表 3-18 《炼化生产过程的检测与控制》课程的教学内容与建议学时

序号	学习情境	学时	教学形式	备　注
1	检测仪表的认识	4		掌握过程检测仪表的作用、技术指标等相关知识
2	压力的检测	6		掌握典型压力检测仪表的原理、结构、特点及操作
3	流量的检测	8		掌握典型流量检测仪表的原理、结构、特点及操作
4	液位的检测	8	任务驱动，教、学、做合一	掌握典型液位检测仪表的原理、结构、特点及操作
5	温度的检测	10		掌握典型温度检测仪表及显示仪表的原理、结构、特点及操作
6	控制系统与控制设备的构成	12		掌握自动控制系统与控制设备的组成
7	DCS 控制系统的构成与操作	16		掌握 DCS 系统操作，能通过 DCS 判断并处理仪表的故障
	合计	64		

六、课程教学设计指导框架

本课程教学设计指导框架见表 3-19。

七、教学基本条件

（一）教学团队基本要求

1. 团队规模

基于每届 2 个教学班的规模，需要专兼职教师 5 人，其中专职教师 2 人，企业兼职教师 2 人，校内实训教师 1 人。

表3-19 《炼化生产过程的检测与控制》课程教学设计指导框架

学习情境名称	教学目标	学习与训练内容	教学载体	学时建议	教学方法与教学资源	教学环境说明	考核评价
检测仪表的认识	（1）了解本课程在专业中的定位 （2）掌握测量误差 （3）认识测量仪表的种类、性能指标及品质指标，能够在装置中识别检测仪表	学习内容： （1）测量及测量误差 （2）检测仪表的品质指标 （3）检测仪表的发展趋势 训练项目： （1）能够在装置中识别检测仪表，根据仪表说明书确定仪表的种类及功能 （2）确定仪表的品质指标	常减压装置以及仿真软件、实物仪表	4	教学方法：教、学、做一体；教学资源：教材、教学课件、常减压装置、实物图片、仿真装置、多媒体演示设备等	（1）学生收集技术资料的环境（图书馆、实训室检测仪表信息数据库）（2）常减压生产装置、仿真装置及相关的技术资料	考核方式：考勤、课堂提问、作业、技术报告
压力的检测	（1）掌握常用压力检测仪表选型 （2）了解常减压智能压力变送器的结构、工作原理 （3）掌握智能压力变送器的工作原理 （4）了解在线压力仪表故障处理方法、风险分析 （5）了解大修过程中压力仪表检修内容	学习内容： （1）弹簧管压力表的结构、工作原理 （2）压力检测仪表的选型与安装 （3）掌握智能压力变送器的结构、工作原理 （4）压力检测系统故障判断及处理 （5）在线压力仪表故障处理 （6）压力仪表大修内容 训练项目： （1）带调节阀的压力变送器指示波动，试分析其原因 （2）以EJA智能压力变送器为例，学习打开离液装方法	常减压压力检测系统及仿真软件、实物仪表	6	教学方法：任务驱动教学法、教、学、做一体，问题引导、互动讨论；教学资源：教材、教学课件、常减压装置、实物图片、动画、多媒体演示设备等	（1）常减压实际装置、实物工厂、常减压仿真工厂、常减压虚拟工厂（2）多媒体教室	考核方式：笔试、操作、技术报告
流量的检测	（1）掌握流量测量的基本概念 （2）掌握常用流量计的工作原理 （3）掌握在线流量仪表故障判断、处理，风险分析及大修内容	学习内容： （1）常用流量计的结构、工作原理 （2）流量检测仪表选型及安装 （3）流量检测系统故障诊断及处理 （4）在线流量仪表故障处理 （5）流量仪表大修内容 训练项目： （1）以测量蒸汽流量的EJA智能压差变送器为例，学习差压变送器安装后初次启动操作步骤 （2）以EJA智能压差变送器为例，分别绘制气体、液体、蒸汽流量检测系统示意图	常减压流量检测及仿真软件、实物仪表	8	教学方法：任务驱动教学法、教、学、做一体，问题引导、互动讨论；教学资源：教材、实物装置、多媒体演示设备等	（1）常减压装置实物工厂、仿真工艺流程（2）多媒体学设备	考核方式：笔试、操作、技术报告

续表

学习情境名称	教学目标	学习与训练内容	教学载体	学时建议	教学方法与教学资源	教学环境说明	考核评价
液位的检测	（1）掌握液位检测的方法及仪表的分类 （2）掌握常用液位计的结构及工作原理 （3）掌握液位仪表故障判断及大修内容	学习内容： （1）常用液位计的结构工作原理 （2）液位检测系统故障判断及处理 （3）在线液位仪表故障处理风险分析 （4）液位仪表大修内容 训练项目： （1）以智能式差压变送器测量液位系统为例，计算液位计测量范围，判断是否存在迁移及计算迁移量 （2）以智能浮筒式液位检测系统为例，对智能浮筒进行水校并填写校验单 （3）以具体工况选择液位检测仪表为任务，训练学生对各种液位检测仪表的使用及维护	常减压液位检测系统	8	教学方法：任务驱动教学法、教、学、做一体、问题引导、讲授、互动讨论 教学资源：教材、教学课件、实物图片、真装置、常减压仿动画、多媒体演示设备等	（1）常减压工艺流程、仿真工艺流程、学装置 （2）多媒体教学设备	考核方式：笔试、操作、技术报告
温度的检测	（1）掌握温度检测的基本概念 （2）掌握常用温度检测仪表的工作原理 （3）掌握在线温度系统故障判断、处理、风险分析及大修内容	学习内容： （1）常用温度检测仪表的结构、工作原理 （2）温度检测系统故障判断及处理 （3）在线温度检测仪表故障处理风险分析 （4）温度仪表大修内容 训练项目： （1）根据具体的工况，选择温度检测系统，训练学生对温度检测仪表及显示仪表的使用 （2）当热电偶测温回路出现故障时，详细说明检查方法及注意事项	常减压温度检测系统	10	教学方法：任务驱动教学法、教、学、做一体、问题引导、讲授、互动讨论 教学资源：教材、教学课件、实物图片、真装置、常减压仿动画、多媒体演示设备等	（1）常减压工艺流程、仿真工艺流程、学装置 （2）多媒体教学设备	考核方式：笔试、操作、技术报告

续表

学习情境名称	教学目标	学习与训练内容	教学载体	学时建议	教学方法与教学资源	教学环境说明	考核评价
控制系统与控制阀门的构成	掌握自动控制系统的基本概念、基本规律，控制系统的执行机构，掌握控制回路构成方案，掌握控制联锁控制	学习内容： (1)调节阀选择及调节阀附件 (2)调节阀安装、故障判断及处理 (3)控制回路系统组成、控制器参数整定 (4)在线执行机构故障处理风险分析 (5)执行机构大修内容 训练项目： (1)以具体控制回路为例，在现场能够识读调节阀的实时行程、作用方式 (2)当调节阀出现故障时，在现场能够将调节阀改旁路调节，配合检修人员安全检修	常减压控制系统	12	教学方法：任务驱动教学法、教、学、做一体、问题引导、讲授、互动讨论 教学资源：教材、教学课件、常减压装置、实物产品、多媒体演示设备等	(1)常减压装置工艺流程、仿真工艺流程 (2)多媒体教学设备	考核方式：笔试、操作、技术报告
DCS构成、操作、组态	(1)掌握CS3000硬件 (2)掌握CS3000软件 (3)掌握CS3000操作 (4)掌握CS3000故障处理、风险分析、大修内容	学习内容： (1)CS3000系统硬件 (2)CS3000系统软件 (3)CS3000系统操作 (4)CS3000系统故障判断及处理 (5)CS3000系统故障处理风险分析 (6)CS3000系统大修内容 训练项目： (1)以CS3000系统在常减压装置中应用为例，训练学生对DCS系统进行操作 (2)以CS3000系统为例，训练学生使用CS3000流程图绘制软件进行工艺流程图绘制	常减压DCS控制系统	16	教学方法：任务驱动教学法、教、学、做一体、问题引导、讲授、互动讨论。教学资源：教材、教学课件、常减压装置、实物产品、多媒体演示设备等	(1)常减压装置工艺流程、仿真工艺流程 (2)多媒体教学设备	考核方式：操作、技术报告

2. 教师专业背景与能力要求

无论专兼教师都要具有炼油企业工作经历，熟悉与本课程相关的职业要求、岗位规范，具备一定的教学方法和能力。

3. 课程负责人要求

来自炼油行业，熟悉高职教育规律、理论扎实、实践经验丰富、具有中级职称以上的"双师"素质教师。熟悉检测仪表的校验、安装、使用、维护及故障处理等仪表维修工的工作流程，具有从事 DCS 控制系统操作的经历与能力，具有实时理论教学和实践教学的能力，具有强力的工作责任心和认真负责的工作态度，建议选用企业兼职教师担任教学或具有丰富工程实践经历的"双师"素质型教师担任教学。

（二）教学硬件环境基本要求

《炼化生产过程的检测与控制》建议配置典型检测仪表实物样品及陈列柜若干个，过程检测仪表资源库及其终端工作电脑 6 台，多媒体教学设备 1 套（计算机、打印机、扫描仪、投影仪、音响等），见表 3-20。

表 3-20　教学硬件环境基本要求

名　　称	基本配置要求	场地面积/m²	备　　注
计算机仿真机房	网络环境投影设备 1 套、10 台微机与专业软件	50	具备多媒体教室功能，为课程教学、提供条件

（三）教学资源基本要求

（1）课程相关图片资料、动画、课件，及与其配套的特色校本教材。

（2）来自企业的生动直观的生产案例，职业标准、岗位规范、设备操作规程等企业生产软资源。

（3）作为核心课程的教师还要能定期进入生产装置中进行学习，在取得生产实际操作经验同时及时了解行业新知识、新技能。

（4）常减压操作规程、DCS 操作规程。

八、其他说明

（一）学生学习基本要求

（1）已完成电工电子相关课程的学习和训练，具备一定的仪表工具的使用能力。

（2）要求学生具有一定的理解能力、与人沟通能力。

（3）要求学生具有一定的逻辑推理能力、基本计算能力、计算机操作能力、读图识图能力、专业配套设备基本操作及维护能力。

（二）校企合作要求

本课程依托炼油行业，与锦州石化公司各生产车间合作，希望企业能提供以下帮助：

（1）聘请公司技术人员作为兼职教师参与课程建设及教学。

（2）将锦州石化公司各生产车间作为课程的校外实训基地。

（3）教学过程中引用企业生产案例、参考企业的工作流程、职业标准、岗位规范等软资源，希望企业能够予以配合。

（三）实施说明

1. 教学方法建议

（1）《炼化生产过程的检测与控制》课程的基本内容，采用以能力为目标的"任务引领式课程"教学模式，按照实际的生产操作工的工作过程确定工作任务——校验、安装、维护、故障处理，组织教学过程。在讲授过程中，既要保持知识的连续性，又要注意联系工程实际，以使知识、技能通过多个真实的项目完成来掌握。

（2）教学时数可根据具体情况适当增减。

2. 教师配置建议

在实施项目教学时，每一位任课教师直接指导的学生数不能太多，否则无法达到有效的教学效果，建议采用小班教学或分组教学的模式，并且每一位任课教师直接指导的学生以不超过 15 人为宜。

3. 考核评价建议

（1）课程考核应采取理论考核和操作考核两种方式相结合的方法。

（2）考核形式多样化，确立了多样化的考核方式，包括课堂展现、笔试、口试、现场演示。

《计算机基础应用与操作》课程标准

（适用于三年制高职炼油技术专业）

制定人：杜明智　　　　　　审核人：高金文

一、制定课程标准的依据

（1）依据炼油技术专业人才培养目标与人才培养规格。

（2）依据国家职业技能鉴定标准和石化企业标准以及对炼油技术专业职业岗位分析。

二、课程的性质与作用

《计算机基础应用与操作》课程是"炼油技术"专业的一门基础课，是素质教育中的重要组成部分，是技术性和实践性很强的课程。本课程讲解信息化社会从事各行业工作所必备的计算机基础知识。通过学习，使学生掌握必要的计算机基础知识及计算机的基本操作，具备熟练使用现代化办公软件、利用网络工具灵活处理工作、生活中面临的相应问题的解决能力，培养学生关注当前计算机技术和信息技术发展的意识，重点培养学生实际操作计算机的能力。

三、本课程与其他课程的关系

本课程以培养学生计算机基础知识和技能为目标，重点加强学生实际操作及综合信息处理能力。为其他基础课程和专业课的教学以及学生职业能力培养奠定坚实的基础，是学习其他相关课程的必备工具。本课程开设在大学一年级的第一学期，没有前导课程，与其他课程的关系见表 3-21。

表 3-21　《计算机基础应用与操作》与其他课程的关系

序号	后期课程名称	需要本课程支撑的主要能力
1	工艺流程图识读与绘制	计算机操作能力、识图能力、计算机画图能力
2	DCS 基础知识	计算机操作能力

四、课程的教学目标

本课程主要培养炼油技术专业学生的计算机基础应用与操作能力。通过本课程的学习，使学生能够组装计算机系统，安装各种软件；能对计算机进行日常使用、维护，故障的诊断和排除；运用计算机对企事业单位的文档及技术资料进行有效管理和应用；利用 Excel2007 进行各种数据分析统计；运用 PowerPoint2007 应用软件制作各种演示文稿；运用网络技术进行信息收集、处理与发布、交流。提高学生运用计算机的能力，为职业素质培养奠定基础。

（一）知识目标

（1）熟悉计算机基础组成原理，组装计算机、安装软硬件及计算机故障的诊断与排除，掌握 Windows 操作系统的使用和文档科学管理。

（2）掌握 Word 文档的文字、段落、插图、表格等排版技巧。

（3）掌握电子表格的编辑、图表制作及数据统计分析。

（4）掌握演示文稿的制作、美化及放映。

（5）掌握网络的基础操作，信息收集、发布等。

（二）能力目标

（1）能够配置计算机软硬件系统、软硬件故障的诊断与排除及计算机管理文档。

（2）利用计算机编辑处理文档和技术资料。

（3）利用计算机对各种表格数据加工处理、分析、统计。

（4）利用计算机制作宣传演示文稿。

（5）利用网络工具获得信息、进行技术交流及商务活动。

（三）素质目标

（1）有强烈的事业心、高度的责任感。

（2）具有良好职业规范能力和创新精神。

（3）具有良好的职业道德和诚信的品质。

（4）具有团队协作能力及合作精神。

（5）具有良好的沟通协调能力及语言文字表达能力。

（6）具有良好的自主学习能力，及时把握新知识、新技术。

（7）具有较好的文字处理能力，具备较强的逻辑思维能力及综合能力。

五、课程的教学内容与建议学时

本课程的教学内容与建议学时见表 3-22。

表 3-22　《计算机基础应用与操作》课程的教学内容与建议学时

序号	学习情境	学时	教学形式	备注
1	企业办公用计算机组装与维护	8		
2	宣传手册的制作	16		
3	办公电子表的制作与分析	12	教、学、做一体	
4	宣传片的制作	16		
5	网络资源收集整理及上传下载	4		
合计		56		

表3-23 《计算机基础应用与操作》教学设计指导框架

学习情境名称	教学目标	学习与训练内容	教学载体	学时建议	教学方法与教学资源	教学环境说明	考核评价
企业办公用计算机组装与维护	(1)会计算机的硬件组装、软件排除 (2)会安装调试系统软件及常用软件 (3)熟练使用计算机对文件夹来进行有序管理	学习内容： (1)计算机组装 (2)系统软件安装、常用办公软件的安装、工具软件的安装与使用 (3)计算机硬件故障的诊断与排除、桌面的设置 (4)文件管理、文字录入法添加、删除输入法、中英文输入法切换等系统设置的方法 训练项目： (1)办公用计算机硬件组装及软件安装 (2)计算机常观管理及常见故障诊断与排除	(1)计算机 (2)硬件设备 (3)常用软件	8	教学方法：任务驱动法、小组讨论教学法、演示教学法 教学资源：视频、动画、课件	教、学、做一体实验室	过程评价： (1)策划单 (2)检查单 (3)评价单
宣传手册的制作	(1)能够对Word文档文字录入并进行格式设置、段落设置等设置 (2)熟练掌握对Word文档图片实现图文混排、艺术排版等美化操作 (3)实现在Word文档中建立表格、目录生成、页码插入、打印预览、输出 (4)封面设计、目录生成、页码插入、打印预览、输出	学习内容： (1)对Word文档进行文字的录入、字体、颜色格式设置、段落设置等基础操作 (2)对Word文档实现图片的插入、编辑、设置操作 (3)掌握各种艺术字格式编辑、表格编辑、表格的修饰、表格插入、表格的修改 (4)插入表格及表格编辑、表格编辑转换及计算 (5)封皮设计、目录生成、页码插入、打印预览、输出 训练项目： (1)宣传手册封面文字录入与美化 (2)宣传手册目录设计、目录生成 (3)宣传手册封面目录的制作	(1)计算机 (2)宣传手册 (3)Office2007办公软件	16	教学方法：任务驱动法、小组讨论教学法、引导文、案例法 教学资源：视频、课件、案例、图片		
办公电子表格的制作与分析	(1)能够熟练使用Excel对数据进行录入与计算操作 (2)会制作各种图表直观显示数据 (3)能对数据进行汇总、分类汇总、数据筛选、分析排序 (4)能对工作表的格式设置与打印输出	学习内容： (1)创建工作簿及工作表的管理、数据录入、数据充及公式及函数的使用 (2)工作表公式化设置、制作数据图表 (3)对工作表的格式设置与打印输出、数据的排序、筛选、分类汇总、页面设置与打印 (4)插入表格及表格编辑、表格的修改、表格透视表等数据分析 转换项目： (1)制作班组通讯录 (2)培训成绩表分析 (3)员工工资明细表统计分析	(1)计算机 (2)Office2007办公软件 (3)基本数据表	12	教学方法：任务驱动法、小组讨论教学法、引导文、案例法、归纳总结 教学资源：视频、课件、案例		

续表

学习情境名称	教学目标	学习与训练内容	教学载体	学时建议	教学方法与教学资源	教学环境说明	考核评价
宣传片的制作	（1）会创建 PowerPoint 文档，会选择相应的版式，会应用合适的模板及母版 （2）会在演示文稿中实现文字、项目符号、图形、图片，表格等元素的插入、编辑操作 （3）会在演示文稿中实现多媒体元素插入与超链接操作 （4）能利用各种动画技巧实现幻灯片的动态演示效果设计 （5）会利用幻灯片的各种视图及放映方式进行演示 （6）设置动画效果，幻灯片切换效果，设置放映效果，打包输出	学习内容： （1）版式、设计模板的选择、配色方案与背景设置、母版的设计 （2）插入文本框、图片、图表、结构图、声音等，设置超链接、制作控制按钮 （3）各种动画技巧设置实现幻灯片的动态演示效果设计 （4）演示文稿视图及放映方式进行演示 的各种动画效果、放映方式设计 （5）对演示文稿进行发布 训练项目： （1）石化公司介绍演示文档制作 （2）石化公司宣传片的美化及演示 （3）新产品发布综合制作	（1）计算机 （2）Office2007 办公软件 （3）宣传片	16	教学方法：任务驱动法、小组讨论教学法、演示教学法、讲授法、引导文、案例法 教学资源：视频、课件、案例、图片	教、学、做一体实验室	过程评价： （1）策划单 （2）检查单 （3）评价单
网络资源收集整理及上传下载	（1）使用搜索网站，在搜索网站中收集信息并保存 （2）能收发电子邮件 （3）能利用网络实现网上购物 （4）数据上传、下载、发送、共享	学习内容： （1）掌握计算机网络特点、数据上传、下载、发送、共享 （2）使用 IE 浏览 Web 页面及网页中图片、文本的保存的方法 （3）掌握免费邮箱的申请使用方法、会设置邮箱账户，能接收、阅读及发送电子邮件和进行网上购物活动 训练项目： 公司部门培训教材网上购买	（1）计算机 （2）计算机网络	4	教学方法：引导文 教学资源：课件		

六、课程教学设计指导框架

本课程教学设计指导框架见表 3-23。

七、教学基础条件

（一）教学团队基础要求

1. 团队规模

基于每届 10 个教学班的规模，专兼职教师 8 人，其中，专职教师 7 人、兼职教师（企业）1 人；

2. 教师专业背景与能力要求

具有在炼油企业实习实际背景，了解炼油企业对专业学生的要求，系统掌握《计算机基础应用与操作》的理论知识和实际操作技能，了解高等职业的教学规律，掌握一定的教学方法和教学艺术；

3. 课程负责人

系统掌握《计算机基础应用与操作》的理论知识和实际操作技能，熟知高等职业的教学规律，敬业爱岗的"双师"素质教师；

4. "双师"素质教师

比例达到 90％以上，能够承担教、学、做一体化教学模式下的教学过程，要通过校企共建方式共建。

（二）教学硬件环境基础要求

本课程采用"教、学、做一体"与"任务驱动，教学情境导向"化的教学模式。在教学过程中为了很好地实施这一教学模式需要一定的教学硬件环境，具体见表 3-24。

表 3-24　《计算机基础应用与操作》课程教学硬件环境基础要求

序号	名称	基础配置要求	场地大小/m²	功能说明
1	多媒体教室	72 套桌椅,投影仪,计算机	50	教学、讨论
2	微机室	52 台计算机,1 台带计算机的投影仪	70	学训一体

（三）教学资源基础要求

（1）具有行业特色的《计算机基础应用与操作》的教材及适合《计算机基础应用与操作》课程相关知识的教学资料 3～4 本。

（2）计算机硬件、软件。

（3）《计算机基础应用与操作》课程教学的图片库、视频库及相应项目的案例。

（4）《计算机基础应用与操作》的试题库。

（5）《计算机基础应用与操作》课程的多媒体网络课程资源。

（6）课件及任务单、案例、任务实施、拓展训练、检查单与评价单。

八、其他说明

（一）学生学习基础要求

（1）具备一定的计算机常识。

（2）能够积极参与到教学过程中。

（3）具有一定的自学能力。

（二）校企合作要求

（1）化工炼油企业人员参与课程开发、项目确定及教学中。学生能够进入实训基地参观、操作，能够了解实际生产的对该门课程的要求。

（2）企业人员参与到本课程的教学管理过程中。

（三）实施要求

依据《计算机基础应用与操作》教学设计指导框架，制定本课程的教学实施方案。

建议本课程采用"教、学、做一体"与"任务驱动，项目导向"化的教学模式。

将《计算机基础应用与操作》课程，按照炼油企业实际的情况分成五个教学项目，每个教学项目下设有 2～4 个任务，每个子项目下设有一定的任务，学生通过完成各项任务，达到教学目的。

完成各项任务的具体过程为"资讯—决策—计划—实施—检查—评价"六步法组织教学。

《典型化工装置生产过程与操作》课程标准

（适用于三年制有机化工生产技术专业）

制定人：李英　　　　审核人：刘淑娟

一、制定课程标准的依据

（1）本标准依据有机化工生产技术专业人才培养方案要求。

（2）依据有机合成工国家职业技能鉴定（高级）标准。

（3）依据化工生产工国家岗位规范。

（4）依据化工生产工职业能力分析表。

二、课程性质与任务

（1）课程性质：有机化工生产技术专业，核心专业技术课。

（2）授课对象：有机化工生产技术专业，大二学生。

（3）实训载体：本课程教学实施过程主要依托的载体是有机化工实训室的合成装置，锦州石化公司的丁二烯抽提装置，锦州石化公司顺丁橡胶装置，视频、案例、仿真软件。本课程属于综合性的课程。

（4）课程作用：本课程是针对化工生产岗位而设置的，通过 5 个典型工艺过程的分析与学习，培养学生的实践操作技能，掌握化工操作必备基础理论、基本素质，为后续苯乙烯生产课程奠定基础。

三、本课程与其他课程的关系

本课程是在学习了相关专业基础课后，开设的一门专业技术课，是学生取得职业资格证书和选择就业岗位的关键课程，在学生实践技能培养与形成方面具有不可替代的重要作用。本课程与其他课程的关系见表 3-25。

表 3-25　《典型化工装置生产过程与操作》与其他课程的关系

序号	前期课程名称	为本课程支撑的主要能力
1	化工单元操作	单元设备的原理、性能、维护与操作
2	化工制图	单元设备的识图、制图
3	化学基础与应用	化学性质，化学反应条件分析
4	计算机基础应用与操作	计算机应用能力
序号	后续课程名称	为后续课程提供的主要能力
1	苯乙烯的生产	复杂工艺的分析与操作
2	有机合成单元过程	合成单元分析与操作
3	化工生产过程的检测与控制	控制回路分析与操作

四、课程的教学目标

总体目标：具备识图、读图、绘图基本知识，设备正常巡检、记录、平稳操作能力；具备设备维护、异常情况分析与处理能力，能完成开、停车准备，具备协助装置开、停车操作的能力。具有从事化工操作与管理必备专业理论与实践的高素质、高技能应用型人才。

（一）知识目标

（1）了解原料、产品、公用工程介质的物理、化学性质。

（2）掌握转化、合成、裂解、聚合反应原理。

（3）掌握萃取、恒沸、普通精馏、深冷分离原理。

（4）了解设备、仪表、阀门、结构、性能、维护的使用原理及要求。

（5）了解装置开车准备，开车、停车方案及开车程序卡。

（6）掌握岗位操作方法及巡检内容、制度。

（7）了解安全、环保、消防器材使用原则。

（二）能力目标

（1）培养学生查找资料与文献获取知识，不断提升自己的能力。

（2）在完成工作任务中培养学生获取新知识的能力。

（3）培养学生熟悉工作环境，了解工作任务及风险识别能力。

（4）培养学生理论指导实践的思路。

（5）培养学生读流程、绘制流程图、查流程的能力。

（6）培养学生巡检、记录，会操作、懂维护的能力。

（7）培养学生对有毒、有害、高温、高压装置自我保护能力及火灾扑救能力。

（8）培养学生具备职业变化的适应能力和继续学习的能力。

（三）素质目标

（1）具有良好的工作态度和责任心。

（2）具有较强的团队意识和相互协作能力。

（3）具有较强的学习能力和吃苦耐劳精神。

（4）具有较强的语言表达、沟通和协调人际交往的能力。

（5）具有认识自身发展重要性以及确定自身继续发展目标的能力。

（6）具有爱岗敬业、勇于创新、团队合作的职业品质、职业道德。

五、教学内容及要求

课程内容的整合依据：以企业调研和职业能力分析表为依据，参照有机合成工国家职业技能鉴定标准、五个典型装置的操作规程、岗位规范、安全环保要求，依托锦州石化公司丁二烯抽提、顺丁橡胶实际教学场所，来整合配置理论、实践教学内容。课程总学时为 96 学时。本课程的教学内容与建议学时见表 3-26。

表 3-26 《典型化工装置生产过程与操作》课程的教学内容与建议学时

序号	学习情境	教学子情境	学时	教学形式
1	合成气的生产	煤制合成气	8	学中做
		甲烷转化制合成气	8	
2	甲醇的生产	甲醇的生产	10	学中做
3	乙烯的生产	热裂解工艺分析	12	学中做
		裂解气工艺分析	8	
4	丁二烯的抽提	丁二烯抽提工艺分析	12	做中学
		模拟抽提装置岗位巡检	6	
		挂牌模拟丁二烯开车过程	8	
5	顺丁橡胶的生产	聚合工艺分析	8	做中学
		聚合岗位巡检	4	
		凝聚工艺分析	8	
		凝聚岗位开车	4	
合　计			96	

六、课程教学设计指导框架

本课程教学设计指导框架见表 3-27。

七、教学基本条件

（一）教学团队基本要求

1.团队规模

《典型化工装置生产过程与操作》授课班级 3 个班，大约 150 人。专兼教师 6 人能满足该课程要求。特聘企业兼职教师 3 名，其中橡胶装置专家 1 名，高级工程师 2 名，3 名兼职教师对课程内容的确定，教学的实施、组织、考核、管理起到一定的保障作用。

2.教师

含课程负责人在内专职教师 3 名，3 名教师都具有企业实际工作经验（其中 1 名是劳动局、企业技能鉴定考评员，1 名具备有机合成工技师资格），多年的教学经验，可以说熟悉企业技能要求、职业标准。并具有较强的理论与实际相结合的能力，可以采用不同的教学方法，来实施做中学、学中做的教学过程。

3."双师"素质教师

达到 100％。

（二）教学硬件环境基本要求

教学实施，校内外实训条件满足课程要求，教学硬件环境基本要求见表 3-28。

（三）教学资源基本要求

（1）标准库（人才培养方案、职业标准、课程标准、有机合成工技能鉴定标准）。

表 3-27 《典型化工装置生产过程与操作》课程教学设计指导框架

教学子情境名称	教学目标	学习与训练内容	教学载体	学时建议	教学方法与教学资源	教学环境说明	考核评价
煤制合成气	(1)汽化炉的结构 (2)掌握合成气生产工艺 (3)具备温度、压力、流量、液位检测等仪表的使用能力 (4)熟练进行装置的开车、正常运行、停车操作 (5)具备生产操作中事故判断与处理能力	学习内容： (1)制气主要设备 (2)制气的原理、工艺流程、工艺条件 (3)检测仪表的原理与使用 (4)装置的操作规程、操作程序卡 (5)影响因素分析 训练项目： 仿真模拟合成气制备操作	合成气仿真软件；煤转化现场教学视频	8	教学方法：小组讨论、教师引导、案例展示、任务驱动法 教学资源：教材、教案、多媒体课件、案例、图片、视频、仿真软件、有机合成工技能鉴定标准	多媒体教室	(1)理论考核 (2)过程考核 (3)仿真模拟考核 总成绩=理论×40%+过程×30%。本情境仿真和训练内容，在总考核内容中占10%
甲烷转化制合成气	(1)转化炉结构 (2)掌握合成气生产工艺 (3)具备温度、压力、流量、液位检测等仪表的使用能力 (4)熟练进行装置的开车、正常运行、停车操作 (5)具备生产操作中事故判断与处理能力	学习内容： (1)制气主要设备 (2)制气的原理、工艺流程、工艺条件 (3)检测仪表的原理与使用 (4)装置的操作规程、操作程序卡 (5)影响因素分析 训练项目： 仿真模拟合成气制备平稳操作	天然气转化现场教学视频；合成气制取仿真软件	8	教学方法：小组讨论、教师引导、案例展示、任务驱动法 教学资源：教材、多媒体课件、图片、视频、仿真软件、操作规程、有机合成工技能鉴定标准	多媒体教室	(1)理论考核 (2)过程考核 (3)仿真模拟考核 总成绩=理论×40%+过程×30%。本情境仿真和训练内容，在总考核内容中占10%
甲醇合成工艺分析	(1)熟悉甲醇生产的反应过程 (2)理解工艺参数对生产的影响及调节方法 (3)能进行甲醇生产的开车、正常运行、停车操作 (4)具备操作中事故判断与处理能力 (5)生产工艺流程图的读取与绘制	学习内容： (1)甲醇生产的反应原理及原料、产品性质 (2)影响因素分析及控制指标 (3)甲醇生产的工艺流程、控制方案 (4)装置的操作规程、操作程序卡 (5)合成反应器的结构与材质要求 训练项目： (1)仿真模拟反应器温度操作 (2)邻苯二甲酸二丁酯的合成与分离	甲醇仿真软件；邻苯二甲酸二丁酯合成装置	10	教学方法：小组讨论、教师引导、案例展示、任务驱动法 教学资源：教材、多媒体课件、图片、仿真软件、有机合成工装置技能鉴定操作规程	多媒体教室	(1)理论考核 (2)过程考核 (3)仿真模拟考核 总成绩=理论×40%+过程×30%。本情境仿真和训练内容，在总考核内容中占10%

续表

教学子情境名称	教学目标	学习与训练内容	教学载体	学时建议	教学方法与教学资源	教学环境说明	考核评价
热裂解工艺分析	(1)理解热裂解过程进行的化学反应 (2)能进行热裂解过程工艺参数的选择 (3)掌握管式炉的结构 (4)熟练进行热裂解过程的开车、正常运行、停车操作 (5)具备操作中事故判断与处理能力 (6)能进行裂解流程图的读取和绘制	学习内容： (1)热裂解过程的一次反应、二次反应 (2)热裂解过程的工艺参数和操作指标 (3)管式炉的基本结构 (4)装置操作规程、操作程序卡 (5)异常处理、风险识别 训练项目： 仿真模拟进行乙烯制备操作	乙烯仿真软件	12	教学方法：小组讨论、教师引导、案例展示、任务驱动法 教学资源：教材、教案、多媒体课件、图片、仿真软件、有机合成工技能鉴定标准、装置操作规程	多媒体教室	(1)理论考核 (2)过程考核 (3)仿真模拟考核 总成绩＝理论×30%＋过程×30%＋仿真×40%。本情境内容，在总学习和训练内容，在总考核中占12%
裂解气分离工艺分析	(1)能进行裂解气分离过程工艺流程的选择 (2)掌握深冷分离设备的结构使用与维护 (3)熟练进行裂解气分离过程的开车、正常运行、停车操作 (4)能说出裂解气的净化与压缩方法 (5)具备操作中事故判断与处理能力 (6)能进行深冷分离流程图的读取和绘制	学习内容： (1)裂解气分离要求及控制指标 (2)深冷分离设备的基本结构 (3)裂解工艺流程及深冷流程 (4)脱水与脱硫过程 (5)异常处理、风险识别 (6)绘图标准与绘图技巧	乙烯仿真软件	8	教学方法：小组讨论、教师引导、案例展示、任务驱动法 教学资源：教材、教案、多媒体课件、图片、仿真软件、有机合成工技能鉴定标准、装置操作规程	多媒体教室	(1)理论考核 (2)过程考核 (3)仿真模拟考核 总成绩＝理论×30%＋过程×30%＋仿真×40%。本情境内容，在总学习和训练内容，在总考核中占8%
丁二烯抽提制丁二烯工艺分析	(1)苯取精馏的特点 (2)苯取剂的选择 (3)具有自查自纠控制丁二烯苯取塔及控制方案的能力 (4)现场绘制丁二烯苯取原则流程 (5)现场查看制点的工艺流程	学习内容： (1)苯取精馏原理 (2)苯取剂选取原则 (3)工艺流程分析 (4)丁二烯苯取流程分析 训练项目： (1)现场查看流程 (2)绘制流程图	锦州石化公司丁二烯抽提装置	12	教学方法：小组讨论、教师总结、师博答疑、现场观查 教学资源：教材、教案、多媒体课件、图片、实际装置、岗位规范	多媒体教室；锦州石化公司丁二烯抽提装置	(1)理论考核 (2)过程考核 (3)现场绘图 总成绩＝理论×40%＋过程×30%＋绘图×30%。本情境内容，在总学习和训练内容，在总考核中占10%

续表

教学子情境名称	教学目标	学习与训练内容	教学载体	学时建议	教学方法与教学资源	教学环境说明	考核评价
模拟抽提岗位巡检	(1)熟知巡检站点 (2)主要检查的设备 (3)能独立进行巡检、记录 (4)培养对设备看、听、摸的能力 (5)认识各种计量表	学习内容： (1)巡检站点顺序 (2)巡检检查的内容 (3)操作记录卡 (4)静设备的控制指标、动设备的运行参数 (5)计量表的读取方法、原理 训练项目： (1)模拟抽提装置岗位巡检 (2)模拟苯岗位计量	丁二烯装置	6	教学方法：师傅引导、现场实操 教学资源：岗位巡检路线图、巡检内容及控制指标	锦州石化公司丁二烯抽提装置	(1)提交巡检站点个数 (2)提交各巡检站点内容 (3)现场实际考核 总成绩=站点个数×10%＋巡检内容×40%＋现场×50%。本情境学习和训练内容，在总考核中占5%
挂牌模拟丁二烯苯取岗位开车过程	(1)丁二烯苯取岗位开车条件分析 (2)掌握开车过程 (3)会使用各种工具 (4)能在师傅的引导下模拟丁二烯苯取岗的开车	学习内容： (1)操作规程 (2)开车要点 (3)开车流程 训练项目： 挂牌模拟丁二烯苯取岗开车	丁二烯装置	8	教学方法：师傅引导、现场实操 教学资源：开车程序卡、操作规程、岗位规范	锦州石化公司丁二烯抽提装置	(1)提交开工准备方案 (2)提交开车程序卡 (3)现场实际考核 总成绩=开工准备方案×20%＋操作程序×30%＋现场×50%。本情境学习和训练内容，在总考核中占8%
聚合工艺分析	(1)具有自查岗位流程及控制方案的能力 (2)会读各种流量表及记录、会计算班量 (3)具有中级平稳操作、设备维护、异常情况分析处理与安全生产的能力	学习内容： (1)工艺流程分析 (2)本岗位物料、热量平衡计算 (3)聚合岗操作要点处理 (4)聚合首金配方的计算 训练项目： (1)聚合首金温度低因素分析 (2)聚合首金配方的计算	橡胶聚合装置	8	教学方法：小组讨论、教师现场答疑、现场摸查 教学资源：教材、教案、多媒体课件、图片、实际装置规范	多媒体教室；锦州石化公司橡胶装置	(1)理论考核 (2)过程考核 (3)聚合配方的计算 总成绩=理论×30%＋过程×40%＋计算×30%。本情境学习和训练内容，在总考核中占7%

续表

教学子情境名称	教学目标	学习与训练内容	教学载体	学时建议	教学方法与教学资源	教学环境说明	考核评价
聚合岗位巡检	(1)熟知巡检站点 (2)主要检查的设备 (3)能独立进行巡检、记录 (4)培养对设备看、听、摸的能力	学习内容： (1)巡检站点顺序 (2)主要检查的内容 (3)静设备的控制指标及动设备的运行参数 (4)动设备运行状态分析 训练项目： 聚合岗位巡检	橡胶聚合装置；巡检牌	4	教学方法：师傅引导、现场摸查 教学资源：巡检路线图、巡检内容及控制指标	锦州石化公司橡胶装置	(1)提交巡检站点个数 (2)提交各巡检站点内容 (3)现场考核实际点个数 总成绩＝站内容×10%＋巡检内容×40%＋现场学习×50%。本情境和训练内容，在总考核中占3%
凝聚岗工艺分析	(1)具有自查岗位流程及控制方案的能力 (2)能独立进行巡检、记录 (3)会读各种流量表及记录、计算班量 (4)具有中级平稳操作、设备维护，异常情况分析与处理，安全生产的能力	学习内容： (1)工艺流程分析 (2)工作程序分析 (3)凝聚岗操作要点分析 (4)装置物料、热量平衡计算 (5)膨胀干燥机日常维护保养要素分析 训练项目： (1)绘制凝聚岗工艺流程图 (2)查找凝聚岗开工管线	橡胶凝聚装置	8	教学方法：小组讨论、师傅答疑、现场摸查 教学资源：教材、多媒体课件、图片、实际装置	多媒体教室；锦州石化公司橡胶装置	(1)理论考核 (2)过程考核 (3)摸查开工管线 总成绩＝理论×40%＋过程×30%＋开工×30%。本情境学习和训练内容，在总考核中占3%
凝聚岗位开车	(1)掌握凝聚岗开车要点 (2)能读凝聚岗开车程序卡 (3)能配合师傅进行凝聚岗的开车操作 (4)会使用各种工具 (5)能用DCS进行平稳调节	学习内容： (1)凝聚岗开、停车规程 (2)凝聚岗开车程序卡 (3)DCS基本知识 (4)一次表、各种阀门位置 训练项目： 凝聚岗开车	橡胶凝聚装置	4	教学方法：师傅引导、现场实操 教学资源：教材、操作规程、操作程序卡、岗位规范	锦州石化公司橡胶装置	(1)提交开工准备方案 (2)提交实操作程序卡 (3)现场考核 总成绩＝开工准备×20%＋操作规程×30%＋现场×50%。本情境内容，在总考核中占7%

表 3-28 《典型化工装置生产过程与操作》课程教学硬件环境基本要求

序号	名　称	基本配置要求	场地大小/m²	功能说明
1	丁二烯抽提装置	塔、容器、泵、换热器、一次检测元件、管线、阀门等，控制室	400	查流程、画流程、熟悉控制方案及设备形式、挂牌模拟巡检、开车操作、事故演练
2	橡胶装置	塔、聚合釜、包装线、容器、泵、换热器、一次检测元件、管线、阀门等，控制室	10000	查流程、画流程、熟悉控制方案及设备形式、巡检、记录、开车操作
3	有机化工实训室	合成反应釜、精馏塔、泵、管线、阀门等	200	合成、分离实训
4	化工仿真实训室	50 台计算机，常规配置	140	模拟装置开、停操作，事故等
5	多媒体教室	投影、计算机 1 台、桌椅 50 套	80	课件、视频、案例的授课

（2）仿真软件库（合成气制取、甲醇合成、乙烯）。

（3）企业资料库（行业岗位规范，装置操作规程，企业安全、质量、环保知识手册）。

（4）专业图书与期刊等图书资源。

（5）提供开放的计算机室，供学生随时查找资料。

八、其他说明

（一）学生学习基本要求

（1）具备简单的识图、CAD 制图的能力。

（2）具备认识单元设备、仪表，会简单操作、设备维护的能力。

（3）具备自主学习，团结协作、沟通能力。

（4）具备安全意识、风险识别自我保护能力。

（5）具备对单元设备进行简单的分析、判断、异常情况分析与处理的能力。

（6）具备计算机应用能力。

（二）校企合作要求

确保课程的顺利实施，提供课程所需的实训场地与兼职教师，提供考核的环境，并协同实施。

（三）实施要求

依据课程基本内容的能力目标要求，以丁二烯、橡胶装置为核心，来进行课程设计。利用实际装置现场授课和仿真软件的辅助教学，使学生在真实环境下学习，打破黑板上画流程、仿真机上开车的尴尬局面，从而实现以真实装置为载体的课程设计。课程在实施过程中，坚持以职业能力为核心，在做的过程中凝练理论知识，在每个学习情境中严格按照咨询—决策—计划—实施—检查—评价六个步骤组织教学，教学中以学生为主体，实施教、学、做一体化的动态教学模式，按岗位分层次教学，切实体现工学结合的职业教育特色。

按职业技能鉴定要求，所有学生均参加丁二烯、橡胶装置实训全过程，以获取职业资格证书。

对学生的考评坚持以职业岗位能力为重点的全面考核，知识考核与能力考核并重，以能力考核为主；提高能力考核在课程考核中的权重；能力考核注重理论与技能并重，并兼顾岗位标准与技能鉴定内容。按教学情境顺序增加过程考核难度，并融入岗位操作要领和技能点。采用学生自评、小组互评、教师测评、企业综合考评的方式进行。

《油品计量》课程标准

（适用于三年制高职油气储运技术专业）

制定人：潘长满　　　　　　审核人：刘淑娟

一、制定课程标准的依据

（1）依据油气储运技术专业人才培养目标与规格的要求。

（2）依据油品计量岗位所需的知识、能力和职业素质要求。

（3）依据油品计量岗位的职业标准，考取油品计量高级技能证书要求。

（4）依据对企业调研，满足生产一线人才培养需要。

二、课程的性质与作用

（1）《油品计量》课程是油气储运技术专业的一门重要专业技术课程，是核心主干课程。

（2）《油品计量》课程是一门基于职业和工作分析，以计量器具、油罐和软件为载体，综合性与实践性较强的专业技术课程。

（3）课程针对油品计量岗位，主要任务是培养学生具备油品计量设备的使用和维护、油品的静态计量能力和动态计量能力，培养学生的安全操作意识和职业道德素质，为《油库设备使用与维修》、《泵和压缩机》、《油品装卸设备》、《油气储运技术》等后续课程提供支撑。

三、本课程与其他课程的关系

本课程与其他课程的关系见表 3-29。

表 3-29　《油品计量》课程与其他课程的关系

序号	前期课程名称	为本课程支撑的主要能力
1	高等数学	计算基本能力
2	计算机基础	计算机操作技能

序号	后续课程名称	需要本课程支撑的主要能力
1	油库设备使用与维修	油罐的维护能力，设备的使用和维护能力
2	油品装卸设备	铁路和公路油罐车的维护能力，设备的使用和维护能力
3	油气储运技术	设备的使用和维护能力，工艺识图能力，阀门操作能力
4	泵和压缩机	设备的使用和维护能力

四、课程的教学目标

通过对《油品计量》课程教学情境下任务的学习与训练，使学生掌握油品计量的基本理论、设备等知识，使学生获得油品计量岗位的实际操作技能，培养学生的动手能力。使学生能够从事油品计量岗位的现场操作和技术管理工作。

（一）知识目标

（1）了解计量工作简史，计量的作用和计量的组织结构。

（2）掌握计量的单位和单位制的使用方法。

（3）掌握误差产生的原因及消除误差的方法。

（4）掌握石油及石油产品的特性和理化指标。

（5）掌握工艺流程图的识图知识。

（6）掌握立式、卧式油罐，铁路、汽车油罐车的结构。

（7）掌握各种常用流量计、流量计附属设备和常用阀门的结构。

（二）能力目标

（1）油罐的检尺、测温和取样作业能力。

（2）石油静态计量器具的使用、维护保养能力。

（3）油品的动态和静态油量的计算能力。

（4）油品含水量的测定操作能力。

（5）流量计系统的测压、测温、取样作业能力。

（6）流量计及流量计附属设备的操作、维护能力。

（7）工艺流程的切换能力。

（8）容器容积表的使用能力。

（9）消防器材的使用能力。

（10）具备一定的创新能力。

（三）素质目标

（1）培养学生在油品计量过程中的环保意识、经济意识、安全意识。

（2）培养学生对油品计量的诚信意识和质量意识。

（3）培养学生归纳、总结、自我学习的意识。

（4）培养学生分析问题的兴趣。

（5）培养学生敬业爱岗、严格遵守操作规程的职业道德素质。

五、课程的教学内容与建议学时

本课程的教学内容与建议学时见表 3-30。

表 3-30 《油品计量》课程的教学内容与建议学时

序号	学习情境	学时	建议教学形式
1	操作、维护和保养石油静态计量器具	4	"教、学、做"一体化
2	油罐检尺、测温和取样作业	12	"教、学、做"一体化
3	容器容积表的使用	4	"教、学、做"一体化
4	测定油品的含水量	8	"教、学、做"一体化
5	计算油量	8	"教、学、做"一体化
6	流量计系统的测压、测温和取样作业	4	"教、学、做"一体化
7	操作维护流量计及流量计附属设备	8	"教、学、做"一体化
8	切换工艺流程	12	"教、学、做"一体化
合计	60		

六、课程教学设计指导框架

本课程教学设计指导框架见表 3-31。

表 3-31　《油品计量》课程教学设计指导框架

学习情境名称	教学目标	学习与训练内容	教学载体	学时建议	教学方法与教学资源	教学环境说明	考核评价
操作、维护和保养石油静态计量器具	(1)具备油罐和铁路设备基本知识 (2)达到操作维护保养石油静态计量器具能力	学习内容： (1)学习油罐和铁路油罐车结构知识 (2)学习计量器具的基本结构知识 训练项目： (1)操作、维护保养油罐 (2)操作、维护保养铁路油罐车 (3)操作、维护保养计量器具	立式油罐、铁路油罐车、计量器具	4	教学方法：采用讲授法、案例教学法、项目教学法等教学方法 教学资源：教材、实训指导书、教案、多媒体课件、案例、实物、技术手册等	多媒体教室、计量实训室	(1)过程考核与终结考核相结合 (2)本情境学习和训练内容在总考核中占 10%
油罐检尺、测温和取样作业	(1)具备对油罐的检尺、测温取样的能力 (2)具备对工具的选用和保养操作的能力，对测量数据的处理能力	学习内容： (1)学习认识和正确使用测温仪表、油罐检尺和取样的工具 (2)学习石油产品的特性和理化指标 (3)针对不同油品、不同油罐产品选择检尺、测温取样方法 (4)学习掌握测量误差产生的原因及消除误差的方法 (5)准确读取测量中的数据，并按规定记录数据 训练项目： (1)对油罐进行检尺作业 (2)对油罐进行取样作业	立式油罐、测温仪器、检尺器等取样工具	12	教学方法：采用讲授法、案例教学法、项目教学法等教学方法 教学资源：教材、实训指导书、教案、多媒体课件、案例、实物、技术手册等	多媒体教室、计量实训室	(1)过程考核与终结考核相结合 (2)本情境学习和训练内容在总考核中占 30%
容器容积表的使用	具备对各种形式的油罐和不同罐号进行容积表查算的能力	学习内容： 学习油罐容积表查表方法 训练项目： (1)使用立式金属油罐容积表 (2)使用卧式金属油罐容积表 (3)使用球形罐容积表 (4)使用铁路油罐车容积表 (5)使用汽车油罐车容积表	油罐容积表	4	教学方法：采用讲授法、案例教学法、项目教学法等教学方法 教学资源：教材、实训指导书、教案、多媒体课件、案例、实物、技术手册等	多媒体教室、计量实训室	(1)过程考核与终结考核相结合 (2)本情境学习和训练内容在总考核中占 10%
测定油品的含水量	(1)具备分析和测定油品含水量和沉淀物的能力 (2)具备测定油品密度和温度的能力	学习内容： 学习油品含水量的测定和计算方法 训练项目： (1)测定油品的含水量和沉淀物 (2)测定油品的密度和温度	油品含水分析仪器、油品密度和温度测定仪器	8	教学方法：案例教学法、项目教学法等教学方法 教学资源：教材、教案、多媒体课件、实物、技术手册等	多媒体教室、计量实训室	(1)过程考核与终结考核相结合 (2)本情境学习和训练内容在总考核中占 10%

续表

学习情境名称	教学目标	学习与训练内容	教学载体	学时建议	教学方法与教学资源	教学环境说明	考核评价
计算油量	具备计算静态油量和计算动态油量的能力	学习内容： 学习掌握计量的单位和单位制的使用方法 训练项目： (1)计算立式、卧式油罐的油量 (2)计算公路、铁路油罐车油量 (3)根据流量计的读数计算油量	油量计算软件	8	教学方法：采用讲授法、案例教学法、项目教学法等教学方法 教学资源：教材、教案、实训指导书、课件、案例、多媒体课件、案例、实物、技术手册	多媒体教室、计量实训室、计算机教室	(1)过程考核与终结考核相结合 (2)本情境学习和训练内容在总考核中占10%
流量计系统的测压、测温和取样作业	(1)具备使用测压、测温仪表和取样工具的能力 (2)具备对管线取样的能力	学习内容： 学会使用测压、测温仪表和取样工具 训练项目： (1)对流量计系统进行测压、测温作业 (2)对流量计系统进行管线取样	流量计系统、测温、测压仪表、取样器	4	教学方法：采用讲授法、案例教学法、项目教学法等教学方法 教学资源：教材、教案、实训指导书、课件、案例、多媒体课件、案例、实物、技术手册	多媒体教室、计量实训室	(1)过程考核与终结考核相结合 (2)本情境学习和训练内容在总考核中占10%
操作维护及流量计附属设备	(1)具备操作和维护各种常见流量计能力 (2)具备处理流量计常见故障的能力	学习内容： 学会流量计、加油机、过滤器和消气器的结构和原理 训练项目： (1)操作维护刮板流量计 (2)操作维护腰轮流量计 (3)操作维护涡轮流量计 (4)操作维护质量流量计 (5)操作维护加油机 (6)操作维护过滤器 (7)操作维护消气器	流量计、加油机、过滤器和消气器	8	教学方法：采用讲授法、案例教学法、项目教学法等教学方法 教学资源：教材、教案、实训指导书、课件、案例、多媒体课件、案例、实物、技术手册	多媒体教室、计量实训室	(1)过程考核与终结考核相结合 (2)本情境学习和训练内容在总考核中占10%
切换工艺流程	(1)具备工艺识图能力 (2)具备流程的切换能力 (3)具备常用阀门的操作使用能力	学习内容： 学习工艺流程图的识图知识 训练项目： (1)切换计量流程 (2)操作常用阀门	工艺流程图、典型站场模型、工艺流程模拟软件、阀门设备	12	教学方法：采用讲授法、案例教学法、项目教学法等教学方法 教学资源：教材、教案、实训指导书、课件、案例、多媒体课件、案例、实物、技术手册	多媒体教室、计量实训室、计算机教室	(1)过程考核与终结考核相结合 (2)本情境学习和训练内容在总考核中占10%

七、教学基本条件

（一）教学团队基本要求

1. 团队规模

基于每届1个教学班的规模，专兼职教师3人左右（含专业实训指导教师），其中专职教师2人，兼职教师1人，职称和年龄结构合理，互补性强。

2. 教师专业背景与能力要求

具有油气储运工程实际背景，熟悉油品计量的有关国家标准，系统掌握油品计量的相关知识，具备油品计量设备操作能力和维护检修能力。掌握一定的教学方法与教学艺术。

3. 课程负责人

熟悉油品计量和高职教育规律、实践经验丰富、教学效果好、具有中级及以上职称的"双师"素质教师。

4. "双师"素质教师

比例应达到100％，承担理论实践一体化课程和工学结合课程的专业教师应为"双师"素质教师。

（二）教学硬件环境基本要求

实施油品计量课程教学，校内实验实训硬件环境基本要求见表3-32。

表 3-32 《油品计量》教学硬件环境基本要求

序号	名称	基本配置要求	场地面积/m²	备注
1	计算机仿真机房	网络环境投影设备1套,50台微机与专业软件	100	具备多媒体教室功能,为油品计量课程教学、工艺流程的识图、工艺流程的切换、设备的结构认识等提供条件
2	计量实训室	计算机和投影设备1套,计量工具及设备若干	120	具备多媒体教室功能,为油品计量课程的计量操作和计量实训提供条件

（三）教学资源基本要求

（1）基本的油品计量多媒体网络课程资源。

（2）油品计量实训室。

（3）油量计算专业软件和工艺流程模拟软件。

（4）有关石油计量的行业标准、图书与期刊等图书资源。

（5）来自企业的有关规范、标准等企业资源。

八、其他说明

（一）学生学习基本要求

（1）具备逻辑推理能力，计算基本能力。

（2）具备计算机操作能力。

（3）具备一定的自学能力。

（二）校企合作要求

依托校企合作的优势，构建校企合作网络，建设校外实训基地，为学生实习实训提供场所。聘请企业技师参与课程建设与教学。教学过程中使用企业生产案例，将企业的工作流程与规范、先进的企业文化引入教学中。

（三）实施要求

（1）本课程采用"教、学、做一体"与"任务驱动，教学情境导向"的教学模式。

（2）根据学校实际条件，依据《油品计量》课程教学设计指导框架，具体制订本课程的教学实施方案，进一步细化和明确载体、工作任务、资源条件及教、学、做合一的形式与成果等内容，规范和指导教学。

《炼化设备使用与维护》课程标准

（适用于三年制高职炼油技术专业）

制定人：刘静云　　　　　审核人：高金文

一、制定课程标准的依据

《炼化设备使用与维护》课程的标准依据炼油技术专业标准，炼化企业对本课程所需要的知识、能力和职业素质的要求，并参照所涉及职业岗位标准而制定。

二、课程的性质与作用

《炼化设备使用与维护》是一门为炼油技术专业学生开设的专业技术课程。本课程以炼化设备为载体，通过学习情境和学习任务展开教学，重点学习炼化设备使用与维护方面的专业知识和岗位技能，并在学习情境中培养学生职业素质。其教学内容与生产实际联系密切、实用性较强，突出了"以应用为目的，以能力培养为目标"的教育理念。在整个课程体系中，该课程起着承前启后的重要纽带作用，为学生顶岗实践及日后顺利接手工作奠定良好的基础。

三、本课程与其他课程的关系

本课程与其他课程的关系见表3-33。

表3-33　《炼化设备使用与维护》课程与其他课程的关系

序号	前期课程名称	为本课程支撑的主要能力
1	物料输送与传热	提供物料输送及传热过程的理论知识、设备性能及基本操作方法的能力
2	物料分离过程与操作	提供物料分离技术理论知识、设备性能及基本操作方法的能力
序号	后期课程名称	需要本课程支撑的主要能力
1	顶岗实践	炼化设备使用与维护

四、课程的教学目标

本课程是以学生为主体，以能力为核心，突出职业道德培养和职业技能训练，课程内容符合职业岗位要求，课程结构符合情境化教学，学用一体，工学结合，注重综合职业能力的培养。具体目标如下。

（一）知识目标

（1）了解炼化设备的类型和应用、压力容器的标准和管理规范。

（2）掌握炼化设备的结构、性能、技术要求。

（3）熟悉炼化设备材料的材质、性能、腐蚀类型及防护措施。

（4）掌握炼化设备及附件使用与维护的方法。

（5）掌握炼化设备的常见事故现象及预防措施。

（二）能力目标

（1）能够通过文献、网络、图表、手册检索炼化设备相关资料和信息。

（2）能够根据技术要求检查和拆装炼化设备。

（3）能够使用与维护炼化设备及其附件。

（4）能够分析、判断并处理炼化设备的常见故障和事故。

（三）素质目标

（1）具有良好的工作态度和责任心。

（2）具有较强的团队意识和相互协作能力。

（3）具有较强的学习能力和吃苦耐劳精神。

（4）具有很好的语言表达、沟通和协调人际交往的能力。

（5）具有诚信、敬业、严谨、创新的职业品质和职业道德。

五、课程的教学内容与建议学时

本课程的教学内容与建议学时见表3-34。

表 3-34　《炼化设备使用与维护》课程的教学内容与建议学时

序号	学 习 情 境	学时	教学形式
1	炼化设备的认识	8	教、学、做一体化
2	泵与压缩机的使用与维护	12	
3	管道与阀门的使用与维护	12	
4	换热设备与管式炉的使用与维护	12	
5	塔设备的使用与维护	8	
6	油罐的使用与维护	12	
	合计	64	

六、课程教学设计指导框架

本课程教学设计指导框架见表3-35。

七、教学基本条件

（一）教学团队基本要求

1. 团队规模

基于每届2个教学班的规模，专兼职教师4人，其中专职教师3人、兼职教师（企业）1人。

2. 教师专业背景与能力要求

具有石油化工实际背景，熟悉炼化设备使用与维护相关知识和国家标准，系统掌握炼化设备使用与维护理论知识和实际操作技能，了解高等职业的教学规律，掌握一定的教学方法和教学艺术。

表 3-35 《炼化设备使用与维护》课程教学设计指导框架

学习情境名称	教学目标	学习与训练内容	教学载体	学时建议	教学方法与教学资源	教学环境说明	考核评价
炼化设备的认识	(1)能够表述炼化设备的类型和应用 (2)能够识别炼化企业典型装置主要设备 (3)能够表述压力容器的结构、技术要求、管理规范，并维护与保养压力容器 (4)能够根据炼化设备使用条件对照图表、手册进行材料选材	学习内容： (1)炼化设备类型、特点及要求 (2)炼化企业典型装置主要设备 (3)压力容器的结构、技术要求、管理规范 (4)炼化设备的常用材料、腐蚀类型与防腐措施 (5)压力容器的维护与保养 训练内容： (1)认识炼化设备 (2)对照图表、手册进行材料选材	炼化设备	8	教学方法：任务驱动法、讲授法、讨论法、参观法 教学资源：教材、多媒体课件、录像、动画课件、设备图片、网络	校内实训基地、多媒体教室	考核成绩＝过程考核总成绩×70%＋综合能力考核成绩×30%，本学习情境占总成绩的10%
泵与压缩机的使用与维护	(1)能说出泵与压缩机种类、结构、作用及应用范围 (2)学会正确使用和维护泵与压缩机 (3)掌握泵与压缩机故障诊断方法	学习内容： (1)泵与压缩机分类、构造、作用及应用范围 (2)AY型油泵、离心式压缩机、轴流式压缩机、活塞式压缩机的结构和特点 (3)AY型油泵、离心式压缩机、轴流式压缩机的使用方法 (4)离心泵与压缩机的常见事故处理及日常维护 训练内容： (1)认识泵与压缩机 (2)泵与压缩机的拆装	泵与压缩机	12	教学方法：任务驱动法、讲授法、讨论法、案例教学法 教学资源：教材、案例、多媒体课件、实物、生产装置图片、动画课件、设备软件、网络	机泵拆装实训中心、多媒体教室	考核成绩＝过程考核总成绩×70%＋综合能力考核成绩×30%，本学习情境占总成绩的20%
管道与阀门的使用与维护	(1)熟悉管路与阀门的类型、颜色意义、连接种类、布置形式、阀门好坏标准 (2)了解管子、管件的材料、保温材料和作用 (3)学会正确选用管子、管件和阀门 (4)学会检查和维护管路，学会正确使用阀门	学习内容： (1)管路与阀门的类型、颜色意义、连接、保温种类、布置形式、阀门好坏标准 (2)管子、管件的材料、选择方法、保温材料和作用 (3)管路的检查与维护、阀门的使用与维护 训练内容： (1)管道的拆装与连接 (2)阀门的拆装	管道与阀门	12	教学方法：讲授法、任务驱动法、案例教学法、讨论法 教学资源：教材、多媒体课件、实物、生产装置图片、动画素材、网络	四位一体、机泵拆装实训中心、装实训体多媒体教室	考核成绩＝过程考核总成绩×70%＋综合能力考核成绩×30%，本学习情境占总成绩的15%

续表

学习情境名称	教学目标	学习与训练内容	教学载体	学时建议	教学方法与教学资源	教学环境说明	考核评价
换热设备与管式加热炉的使用与维护	(1) 能够识别生产装置的各种换热设备 (2) 能够正确表述换热设备和管式加热炉的类型及结构特点 (3) 能够规范操作换热设备和管式加热炉 (4) 会判断和处理换热设备和管式加热炉的常见故障	学习内容: (1) 换热设备和管式加热炉的工作过程及类型 (2) 管壳式换热器、空冷器、管式加热炉的结构特点 (3) 管壳式换热器、空冷器、管式加热炉的操作 (4) 管壳式换热器、空冷器、管式加热炉的常见事故处理与日常维护 训练内容: (1) 认识换热设备和管式加热炉 (2) 管壳式换热器拆装	管壳式换热器与管式加热炉	12	教学方法:任务驱动法、讲授法、讨论法、案例教学法、参观法 教学资源:教材、多媒体课件、案例、实物、生产装置图片、动画素材、设备、软件、技术手册、网络	校内实训基地、多媒体教室	考核成绩＝过程考核总成绩×70%＋综合能力考核成绩×30%。本学习情境占总成绩的20%
塔设备的使用与维护	(1) 能够表述塔设备的类型、结构特点和发展情况 (2) 能够规范操作塔设备及维护 (3) 学会判断和处理塔设备的常见故障	学习内容: (1) 塔设备的类型及发展情况 (2) 板式塔和填料塔的结构特点 (3) 板式塔和填料塔的操作与维护 训练内容: (1) 认识各类塔设备 (2) 塔设备的拆装	塔设备	8	教学方法:任务驱动法、讲授法、讨论法、案例教学法 教学资源:教材、多媒体课件、案例、实物、生产装置图片、动画素材、设备、软件、网络	校内实训基地、多媒体教室	考核成绩＝过程考核总成绩×70%＋综合能力考核成绩×30%。本学习情境占总成绩的20%
油罐的使用与维护	(1) 能够表述油罐类型、主要部件的作用、完好标准 (2) 学会正确使用油罐 (3) 学会判断和处理油罐的常见故障 (4) 能够对油罐及附件进行日常维护	学习内容: (1) 油罐类型、主要部件的作用、完好标准 (2) 油罐的使用与维护 (3) 油罐常见故障和事故的处理 训练内容: (1) 认识各类油罐 (2) 油罐的收油、发油、检尺、计量	油罐	12	教学方法:任务驱动法、讲授法、讨论法、案例教学法 教学资源:教材、多媒体课件、案例、生产装置图片、动画素材、设备、软件、网络	锦州石化公司实训基地、多媒体教室	考核成绩＝过程考核总成绩×70%＋综合能力考核成绩×30%。本学习情境占总成绩的15%

3. 课程负责人

系统掌握炼化设备使用与维护理论知识和实际操作技能，熟知高等职业的教学规律，敬业爱岗的"双师"型教师。

4. "双师"型教师

比例达到70%以上，能够承担教、学、做一体化教学模式下的教学过程，要通过校企共建方式共建。

（二）教学硬件环境基本要求

本课程采用教、学、做一体化与任务驱动行动导向的教学模式。在教学过程中为了很好地实施这一教学模式需要一定的教学硬件环境，具体见表3-36。

表 3-36 《炼化设备使用与维护》课程教学硬件环境基本要求

序号	名称	基本配置要求	场地/m²	功能说明
1	多媒体教室	55套桌椅,投影仪,计算机	50	教学讨论
2	仿真实训室	55台计算机,3D软件,1台带计算机的投影仪	160	动画演示
3	实训中心	流体输送装置、换热装置、精馏装置	200	辅助教学
4	拆装中心	管线阀门、泵、压缩机、换热器、塔	200	实际训练
5	锦州石化公司实训基地	炼化装置设备		现场教学

（三）教学资源基本要求

（1）具有行业特色的《炼化设备使用与维护》的教材。

（2）适合《炼化设备使用与维护》课程相关知识的教学资料3～4本。

（3）油罐、阀门、泵、压缩机、换热器、管式炉、塔设备动画软件。

（4）炼化设备使用与维护图片库，生产案例库。

（5）炼化设备使用与维护试题库。

（6）炼化设备使用与维护网络课程资源。

（7）《炼化设备使用与维护》课程教学文件。

八、其他说明

（一）学生学习基本要求

（1）具备一定的基础化学、化工制图、计算机的理论知识。

（2）物料输送与传热及物料分离过程与操作理论知识。

（3）热爱专业、相信自己、勤学好问、注重方法、积极参与整个教学过程。

（4）具有一定团结协作和自学能力。

（二）校企合作要求

（1）炼化企业内设实训基地达到实际训练的目的。

（2）炼化企业人员参与本课程的建设及教学。

（三）实施要求

《炼化设备使用与维护》课程分成六个学习情境，每个学习情境下设有一定的任务，学生通过完成各项任务，达到教育目标。具体过程如下。

（1）教师下达任务单，对任务进行解读。

（2）学生收集信息，制定方案。

（3）方案确定：组内讨论，形成小组决策，大组交流评价，确定最终的方案。

（4）方案实施：学生按工作步骤，各自独立完成自己的工作任务。

（5）检查：对工作计划的内容、安全、质量保证情况进行检查，学生自查、互查，教师检查交替进行。

（6）评价：学生、教师进行工作总结与评价、解决实践性知识、拓展理论形成完善的报告。

参 考 文 献

［1］ 李学峰. 基于工作过程系统化的高职课程开发理论与实践. 北京：高等教育出版社，2009.
［2］ 刘建超. 模具设计与制造专业教学标准与课程标准. 北京：高等教育出版社，2009.